GREEN HOME PLUS

머리말

최근 전 세계적인 화두는 환경문제입니다. 인류의 지속가능한 발전을 위해 지구온난화에 의한 기후변화에 대응하기 위하여 많은 노력들이 이뤄지고 있습니다. 이에 우리나라는 2008년 8월 〈저탄소 녹색성장〉이라는 새로운 국가비전을 선포하였고, 정부는 2020년까지 온실가스를 배출전망치(BAU, Business As Usual) 대비 30% 감축한다는 목표를 설정하였습니다. 이를 구체적으로 실현하기 위해 2010년에는 〈녹색성장 기본법〉을 제정·공포하였습니다. 이런 우리 정부의 〈녹색성장〉 정책은 당면하고 있는 건설산업의 위기를 극복하고, 기후변화에 근본적으로 대응하면서 지속가능한 미래로 나아가기 위한 새로운 성장동력의 기회가 될 수 있을 것입니다.

본 연구단에서는 국토해양부 건설핵심기술연구개발사업의 일환으로 〈저에너지 친환경 공동주택 기술개발〉에 관한 연구를 2006년부터 5년 동안 수행하였습니다. 연구의 성과물로 친환경 공동주택의 구현에 필요한 핵심 요소기술들을 개발하였으며, 그 기술들을 모아 2010년 5월 친환경 공동주택인 **green home**plus 를 구축하고 성능검증을 수행하였습니다. 또한, 저에너지 친환경 공동주택을 구현하기 위한 요소기술들을 소개하고자 "저에너지 친환경 공동주택 **green home**plus 핵심기술"을 출판하였습니다.

본서는 연구단의 두 번째 출판물로서 저에너지 친환경 공동주택을 구현하기 위한 설계가이드 및 시공매뉴얼에 대한 내용을 담고 있습니다. 서론에서는 통합설계(Integrated Design)의 중요성 및 **green home**plus 통합설계 프로세스에 대하여 소개하고 있으며, 설계가이드와 체크리스트에서는 외부환경계획, 건물계획, 그리고 설비시스템 계획에 대하여 디자이너와 기술자들이 건축계획시 고려해야 될 사항들에 대하여 소개하고 있습니다. 또한, 건물의 냉난방 부하 저감 기술을 중심으로 시공과 관련된 기술을 시공매뉴얼에서 소개하고 있습니다.

앞으로 나올 세 번째 출판물은 연구단에서 개발한 저에너지 친환경 건축평가 프로그램인 SATBEES(Systematic Assessment Tool for Building Energy Efficiency and Sustainability)에 대하여 소개할 예정이며, 앞서 출판된 "저에너지 친환경 공동주택 green home plus 핵심기술" 및 본서와 더불어 한국형 저에너지 친환경 주택시장의 활성화와 지속가능한 사회로의 전환을 위한 선도적 역할에 기여할 것으로 기대하고 있습니다.

끝으로 이 책을 낼 수 있도록 수많은 노력을 아끼지 않으신 저에너지 친환경 공동주택 연구단의 연구자들과 연세대학교 친환경건축연구센터의 편집위원들께 감사의 뜻을 전합니다.

이 승 복

연세대학교 건축공학과 교수

연세대학교 친환경건축연구센터 소장

국토해양부 · 한국건설교통기술평가원 저에너지 친환경 공동주택 연구단장

CONTENTS

PART 04 green home plus 설계가이드

PART 05 저에너지 친환경 공동주택 시공매뉴얼

PART 1

서 론

저에너지 친환경 공동주택 연구단(총괄)

1장 통합설계 개요

2장 통합설계 적용

1장 통합설계 개요

1. 통합설계의 개요

통합설계란 저렴한 비용으로 고도의 친환경적 성능을 달성하기 위한 디자인 목표에 많은 전문가들이 참여하고, 서로 협력하여 문제를 해결하는 공동 설계 방법을 의미한다. 이러한 통합설계는 통합설계팀의 구성 및 통합설계 프로세스(Integrated Design Process, IDP)를 통해 기존의 설계방법론과 차별성을 가지고 있다.

통합설계프로스세는 캐나다에서 에너지 효율적 건물 C-2000을 인증해주면서 성능 향상을 위한 디자인 프로세스를 정리하기 시작한 것이 그 시초이다. C-2000프로그램은 NRCan(Natural Resources Canada)산하의 CETC(CANMET Energy Technology Centre)에 의해 1993년 개발되어 산업용 건물에 적용되고 있다. 이후 캐나다에서는 친환경 건축물을 설계하는 방법으로 design charatte을 권장하고 있으며 실무자들을 교육하고 함께 시범적인 프로젝트를 진행하면서 통합설계에 대한 지속적인 노력을 기울이고 있다. 유럽에서도 90년대부터 친환경 저에너지 건물의 설계 과정이 기존의 선형적 프로세스와 달라야함을 인식하고 IDP를 적용하려는 시도를 해왔으며 초기 설계 과정에서부터 건축주와 건축가뿐만 아니라 관련된 엔지니어와 자재 업체까지 참여하는 디자인 워크샵을 단계별로 진행하면서 의사결정 과정에서 다양한 의견을 수렴하고 최적의 설계안을 찾아내도록 하고 있다.

현재까지 개발된 통합설계 프로세스는 C-2000프로그램에 적용시키기 위해 지속가능환경국제기구(International Initiative for a Sustainable Build Environmental, iiSBE)에 의뢰하여 개발된 프로세스와 IEA(International Energy Agency)에서 "대형건물에서 태양에너지 이용 최적화 연구(IEA Task 23)"를 수행하면서 C-2000 프로세스를 바탕으로 디자인팀의 구성 및 정성적인 평가를 위한 의사결정 도구 등을 구체적으로 제시한 프로세스가 있다.

2. 통합설계의 특징

2.1 통합설계 프로세스

기존의 설계 과정이 일방향적인 건축주와 건축가 등 소수 그룹에서 초기안이 결정되고 이후에 엔지니어링적 설계와 지재의 선택, 시공 프로세스로 이어져 선형적인 프로세스를 갖고 있던 것과는 달리 통합설계 프로세스는 설계 초기 단계에서부터 관련된 여러 분야의 다양한 전문가들이 참여하여 이후에 발생할 수 있는 문제점을 사전에 제시하고 여러 가지 이슈들을 고려하여 해결방안을 도출한다는 것이 중요한 차이점 중 하나다.

[그림 2.1] 일반 설계 프로세스

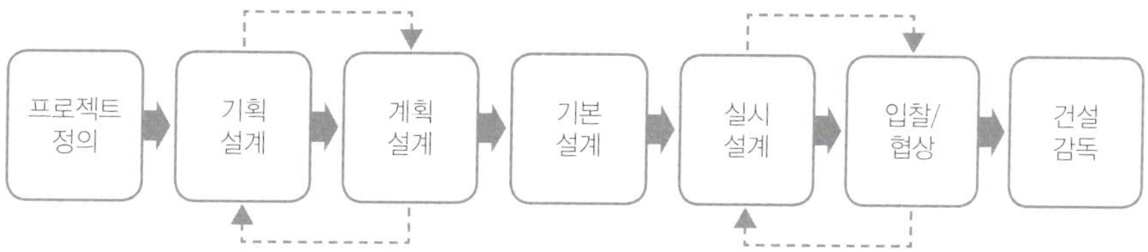

[그림 2.2] 통합설계 프로세스

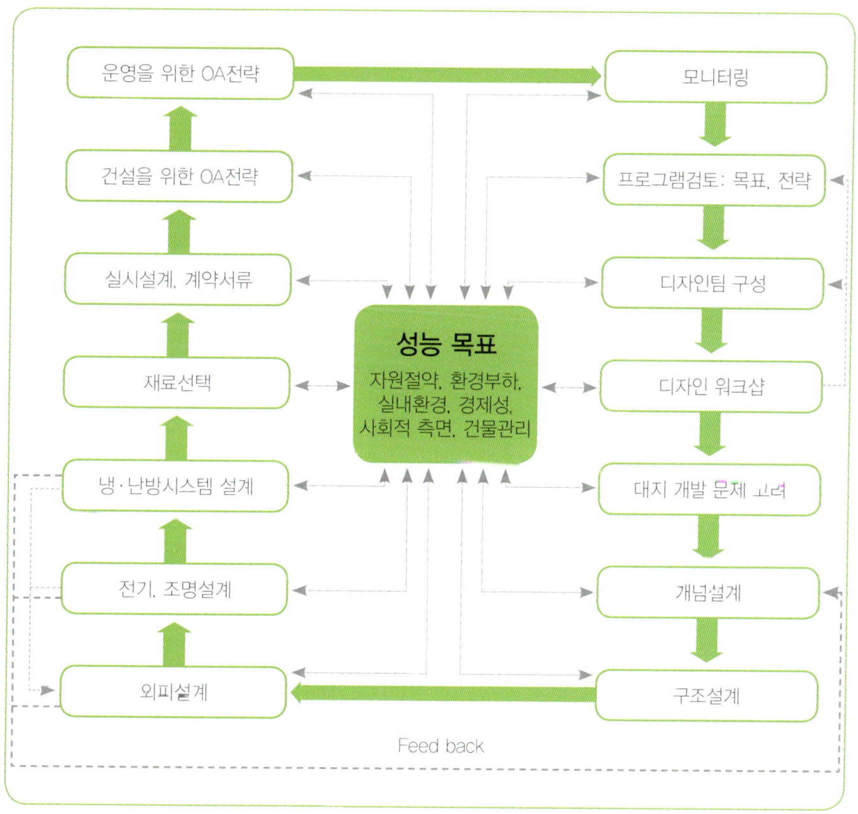

[그림 2.1]은 iiSBE의 Nils Larsson이 제한한 반복적이고 순환적인 통합설계 프로세스를 보여주고 있다. 이는 건축물의 성능에서뿐만 아니라 비용적 측면에서도 같은 관점에서 봐야 하며 따라서 초기 투자비에 국한하여 생각하지 않고 건물의 성능 향상에 따른 생애주기비용(Life Cycle Cost)을 고려한 계획이 중요하게 된다. 또한, 설계 과정이 완료된 후에는 계획된 성능이 실제로 구현될 수 있도록 시공 과정에 참여하고 성능 커미셔닝 과정을 거쳐 운영 과정의 성능 모니터링에 이르기까지 건물의 생애주기에 걸친 관리 과정을 포함하게 되며 이를 Integrated Project Delivery라는 용어로 표현하기도 한다.

[그림 2.3] MacLeamy Curve

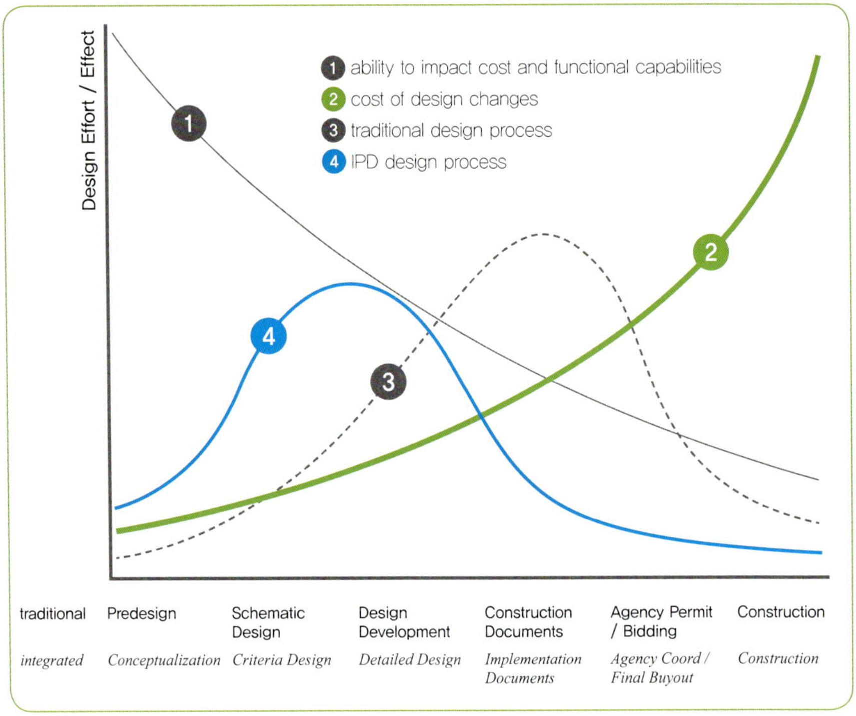

기존의 설계 프로세스에서는 초기 설계과정에 투입되는 인원이 적으므로 그 만큼 고려할 수 있는 이슈들이 한정되어 있다. 따라서 해결할 수 있는 문제가 상대적으로 작은데 반해 실제 시공 과정에 들어가서 설계 단계에서 고려하지 못한 문제점들이 드러날 수 있으며 이를 해결하는데 계획 이상의 인원과 비용이 투입되기도 한다. 그러나 통합설계 프로세스에서는 계획 초기 단계에서부터 건축가뿐만 아니라 설비, 구조엔지니어와 기술분야 전문가 및 시공엔지니어들까지 설계에 참여하여 초기단계 투입 인원은 증가하지만 이들이 초기에 많은 이슈들을 고려해 설계안을 최적화시키기 때문에 시공단계에서 발생하는 이슈들이 상대적으로 줄어들 수 있으며 설계 단계에서의 문제 해결은 시공단계 또는 운영단계에서의 문제 해결에 비해 상대적으로 적은 비용으로 해결될 수 있으므로 더욱 경제적이다.

[표 2.1] 통합설계 프로세스와 기존의 설계 프로세스와의 차이점

일반적인 설계 프로세스	통합설계 프로세스
일반적으로 필요에 의해서 제한적으로 참여한다.	설계초기단계부터 프로젝트팀의 맴버들이 설계에 참여한다.
초기 단계에서 시간과 협력에 대한 투자가 작다.	설계의 목표설정, 정보교환 및 디자인 선택사항들을 결정하기 위해 많은 노력과 시간을 투자한다.
소수의 사람들에 의해 결정되어 신속한 의사결정을 할 수 있는 반면, 제한된 정보를 가지기 때문에 충분한 성능확보를 할 수 없다.	의사결정은 프로젝트팀 전체의 의견을 반영하여 결정된다.
하향식 처리과정으로 인해 향후 새로운 문제에 대한 해결이 불가능할 수 있다.	반복되는 프로세스를 통해 시스템 전체에 대한 이해를 높일 수 있다.
초기 건설비용에 초점을 두어 결정된다.	주요한 설계 변수들은 생애주기분석에 근거하여 결정된다.

2.2 통합설계팀

통합설계 프로세스를 효과적으로 건축 프로젝트의 적용하기 위해서는 적절한 디자인 팀의 구성이 매우 중요하다. 설계팀의 구성 및 구성원의 역할은 프로젝트의 성격에 따라 다양하게 구성할 수 있으며, 통합설계팀의 구성과 관련된 내용을 다음과 같다.

통합설계팀 필요 조건

- ⊙ 건축주는 디자인 과정에 적극적으로 참여하여야 한다.
- ⊙ 다양한 분야의 전문가들로 구성되어야 한다.
- ⊙ 팀의 리더는 초기 설계 단계에서 프로젝트의 종료시까지 팀의 동기부여와 조정하는 역할을 한다.
- ⊙ 경험이 있는 퍼실리테이터(facilitator)를 통해 설계 프로세스를 이끌어 갈 수 있도록 한다.
- ⊙ 팀 구성원의 핵심 그룹은 프로젝트 기간동안 유지되어야 한다.
- ⊙ 팀 구성원간의 협력이 잘 되어야 한다.

일반적으로 프로젝트의 핵심 그룹에는 건축주, 프로젝트 매니저, 건축가, IDP 퍼실리테이터(Facilitator), 구조기술자, 설비기술자, 전기기술자, 토목기술자, 건물운영자, 재정분석가, 조경설계가, 시공자로 구성되며, 프로젝트에 따라 특정분야의 전문가들을 참여시킨다.
[그림 2.4]과 [그림 2.5]는 일반적인 디자인 팀 구성과 통합설계 팀의 구성 및 협력관계를 보여준다. 통합설계 팀에서는 IDP 퍼실리테이터를 중심으로 상호 의견조율을 할 수 있는 핵심 그룹을 형성하며, 특히, 건축가와 핵심컨설팅 팀과의 유기적인 관계가 중요하다.

[그림 2.4] 일반적인 디자인 팀의 구성

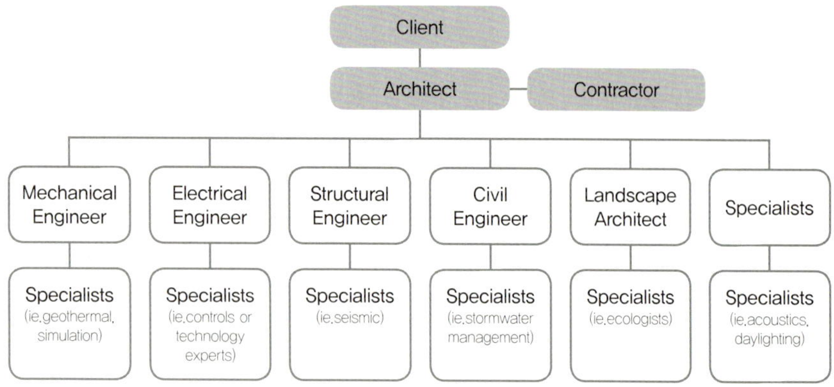

[그림 2.5] 통합설계 팀의 구성

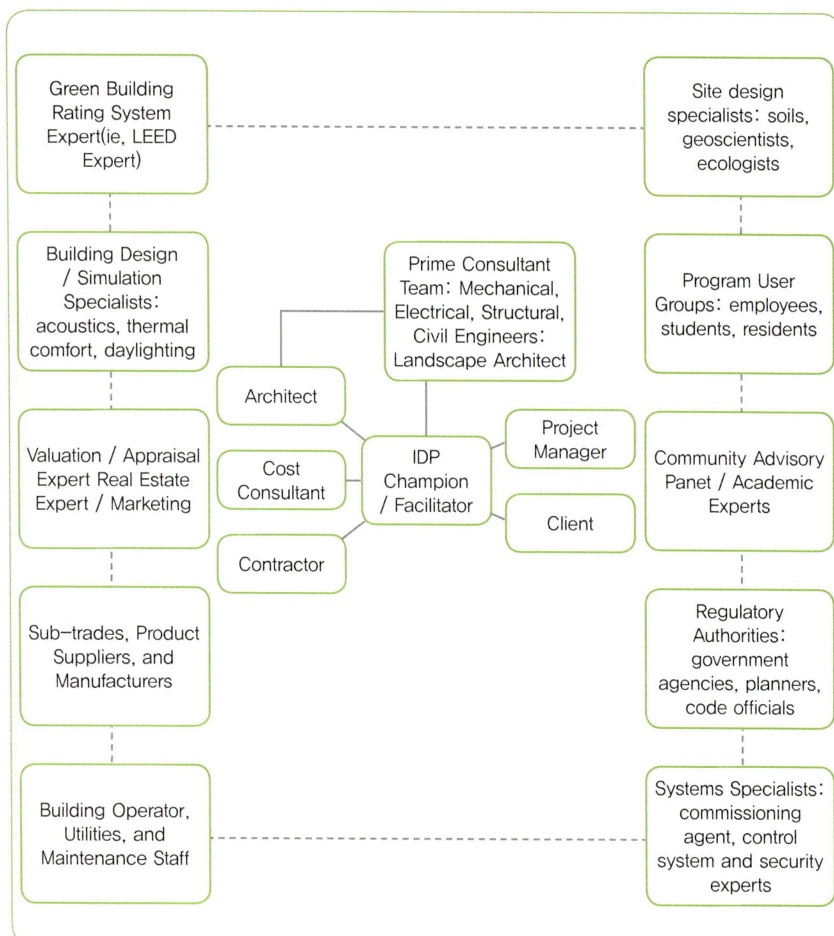

2장 통합설계 적용

1. 통합설계 적용 사례

통합 설계 과정을 수행하기 위한 첫 번째 단계는 설계 팀의 구성이다. 본 실험주택의 통합 설계를 위해 건축주, 건축가, 기계 설비 엔지니어, 조경 디자이너, 시공 엔지니어를 핵심 팀으로 구성하였다. 프로젝트에서 건축주의 요구사항은 프로젝트를 구성하고 결론을 내리는데 이정표 역할을 하는데 본 실험주택 프로젝트에서 건축주가 세 가지 그룹으로 존재한다. 첫 번째 그룹은 대지를 제공하는 건물의 실질적인 소유주로 대학본부에서 담당하며 캠퍼스 공통의 요구사항과 기반시설에 관한 요구를 하게 된다. 두 번째 그룹은 국토해양부와 연구 평가기관으로 연구비용을 지원하며 실험주택과 그 연구성과가 공공적 성격을 유지할 수 있도록 요구한다. 세 번째 그룹은 연구를 실제로 수행하며 실험주택의 목표와 비전을 수립하고 총괄 관리하는 연구단이다. 본 프로젝트에서는 연구단이 대학본부와 정부기관의 입장과 요구사항을 협의를 통해 대변하여 Integrated design process에 참여하고 coordinator의 역할도 수행하였다. 실험주택의 대상이 현재 보편적인 아파트를 대상으로 하고 있기 때문에 다소 중요도가 낮은 구조 엔지니어와 전기 설비 엔지니어는 핵심 팀에서 별도의 인원을 구성하지 않았으며 구조 엔지니어는 건축가가, 전기 설비 엔지니어는 기계 설비 엔지니어가 자문을 통해 해결할 수 있도록 하였다. 대신 국내에서는 건설 회사들이 아파트의 설계와 시공까지 총괄하는 상황을 고려해 건설업체의 입장에서 시공 엔지니어가 핵심 팀 구성원으로 참여하였으며 실험적 목적을 고려하여 데이터 수집과 분석에 대한 연구팀을 핵심 팀에 포함시키고 적용되는 기술과 통합적 성능에 대한 모니터링, 분석 시스템 설계에 참여하도록 하였다. 핵심 팀 외에 다양한 요소 기술을 연구하는 연구자들과 산업체 관계자들이 추가로 통합 설계 팀 구성원으로 참여하고 있다. 핵심 팀에 추가되는 팀 구성원들은 연구를 통해 녹화 시스템, 수순환 시스템, 외피시스템, 친환경 소재, 환기시스템, 냉난방 시스템, 신재생에너지 시스템과 관련된 기술들을 개발하였으며 이러한 기술들이 건물에 효과적으로 통합될 수 있도록 설계 과정에 참여하였다.

[그림 1.1] green home[plus] 구축을 위한 통합설계팀 구성

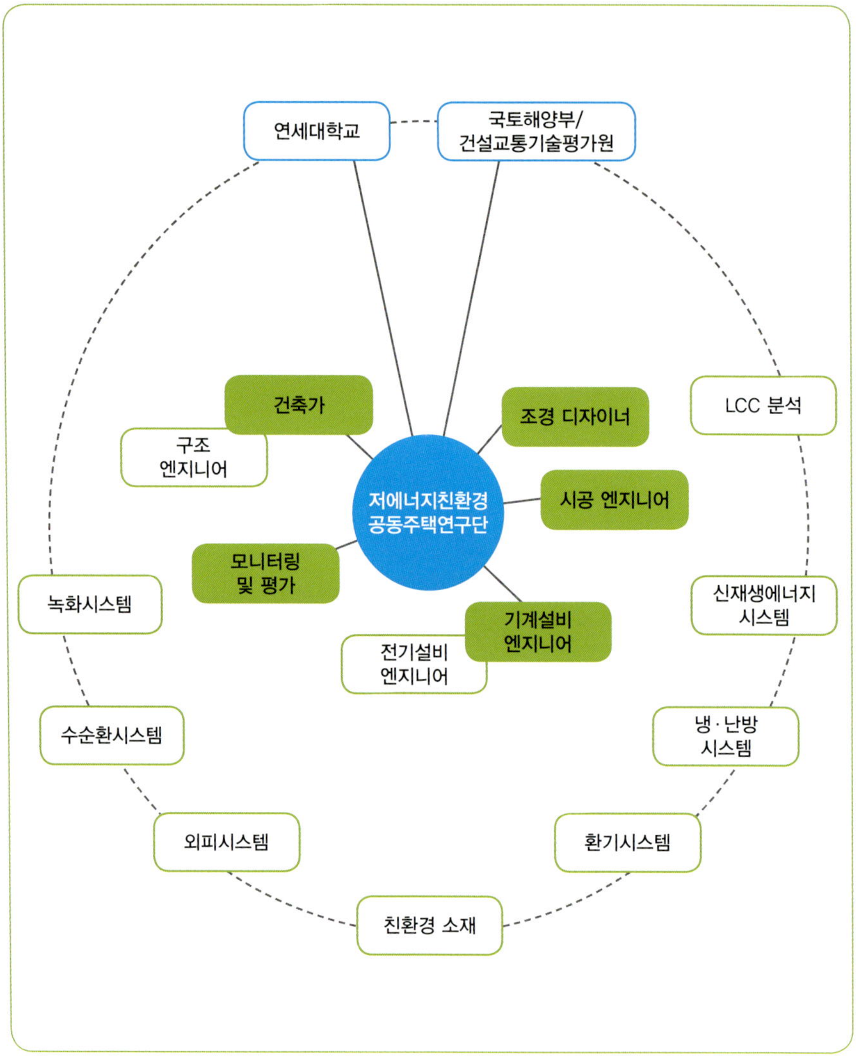

실험주택의 구축 과정을 IDP에 따라 정리하면 [그림 1.2]와 같다. 2008년 8월부터 2010년 5월까지 3차례의 워크샵을 통해 통합 모델로서의 결과물이 도출되었으며 Core design team은 매주 회의를 통해 진행사항을 검토하고 feedback하는 과정을 반복하였다.

[그림 1.2] greenhome[plus] 통합설계 프로세스

구체적으로 수행된 내용은 아래와 같다.

[표 1.1] green home[plus] 설계 단계별 상세 작업 내용

통합설계 프로세스	주요일정	수행 내용
Pre-design	8/8	Kick-off meeting Project requirement Project schedule 모델별 standard 및 간이 에너지 계산
	8/22	단위세대 평면 type 결정 중앙식/개별식 열원 고려 모델별 요소기술 설계안 요청
Criteria design	9/19 Workshop	1st Workshop 에너지 성능 향상 전략 수립 기초 설계(세대 구성, 평면)안 제시 모델별 요소기술 적용 계획, 설계, 설치 사례 등 논의
	10/8	기술조합 모델 검토 에너지 성능 예측 방안 논의
	10/15	건축적 변수 결정을 위한 시뮬레이션 계획(향, 단열, 창면적) Zero energy model의 선진기술 도입 논의
	10/29	모델별 성능기준 건축적 변수에 따른 시뮬레이션 결과 보고 후 창면적비 결정 열원시스템 구성 피크부하 분석 캠퍼스와 조화가 될 수 있는 입면 계획
	11/12	모델별 성능기준에 따른 에너지 소비 예측
	11/19	냉난방시스템 구축 계획안 검토
	12/3	세대 구성 및 건축형태 재검토 건물부하 산출, 시스템 에너지 예측 시스템 모니터링 데이터 포인트 확보

Detailed design	12/10	건물 형태 변경 Unit 설계에 평면 연구결과 적용 모니터링 계획 수립
	12/24	세대 평면 연구결과 반영 조경 계획 아이템 논의 기본 설계안 도출
	1/7 Workshop	설계안에 대한 의견 수렴 기술적용 수정안 논의
	1/12	기술별 수정사항 보완
	2/11	기술 보완사항 적용 설계도서 작성
Implementation documentation	2/19	공사진행 계획 논의
	3/25	건축 허가 진행 성능평가 방법 논의
	4/29	설계 도면 검토 예상 비용 견적, 공사 계약 계획 기반시설 공사 지원 협조 요청
Bidding, Construction, and Commissioning	6/1~	시공사 선정 및 계약
	8/19	평가 요소 확정 모니터링 요소와 평가요소를 연계한 평가방법 계획 Pilot project 운전계획 요소기술별 성능/모델별 성능 검증 방법 논의 구축 공사
Bidding, Construction, and Commissioning	2/25 Workshop	연구팀 전체 현장점검
	2/26~	실비시스템 시운전

참고문헌

1. 이병연, 김광현, 친환경건축 통합설계프로세스에 관한 연구, 대한건축학회 논문집(계획계), v.25 n.04 (2009)
2. Alex Zimmernam, A.Sc.T., Integrated Design Process Guide, Canada Mortgage and Housing Corporation, http://www.cmhc-schl.gc.ca/en/inpr/bude/himu/coedar/upload/Integrated_Design_GuideENG.pdf
3. Greening Federal Facilities, An Energy, Environmental, and Economic Resource Guide for Federal Facility Managers and Designers - second edition, U.S. Department of Energy (2001)
4. Nils Larsson, The Integrated Design Process; History and Analysis, International Initiative for a Sustainable Built Environment (iiSBE), 2009. http://www.iisbe.org/system/files/private/IDP%20development%20-%20Larsson.pdf
5. Busby Perkins + Will and Stantec Consulting, Roadmap for the integrated design process, BC Green Building Roundtable (2005), http://www.greenspacencr.org/events/IDProadmap.pdf
6. Guenter Loehnert et., Integrated Design Process - A Guideline for Sustainable and Solar-Optimised Building Design, IEA, 2003

저에너지 친환경 공동주택 설계가이드

PART 2

저에너지 친환경 공동주택 통합설계팀(2-1세부)
연세대학교, (주)공간종합건축사사무소, (주)한일MEC, (주)한설그린

3장 저에너지 친환경 공동주택 설계가이드 소개

1. 설계가이드의 목적

본 설계가이드는 저에너지 친환경 공동주택 건설에 있어서 이에 참여하는 디자이너와 기술자들이 계획 시 설계가이드의 기준에 맞추어서 기존에 주어진 기술과 개발기술 등이 투입되어 설계 과정에 있어서 건축, 설비, 조경, 구조 등 설계의 각 부문의 효과적인 공조를 통한 설계를 하는 데 도움과 이해를 주고자 작성되었다. 이를 통해 건축물에 각 기술이 효과적으로 적용되고 충분한 성능을 발휘하도록 하여 에너지 절감을 증진시키는 데 목적을 두고 있다.

2. 설계가이드의 구성

본 설계가이드는 저에너지 친환경 공동주택 설계가이드와 설계가이드 체크리스트, 그린홈플러스(마크 넣어주세요.) 설계가이드로 구분하여 구성된다.

저에너지 친환경 공동주택 설계가이드는 친환경 건축을 설계하기 위한 총괄적인 설계가이드로서 전반적인 내용을 이해할 수 있도록 작성되었다. 크게 SITE, BUILDING, SYSTEM으로 구성되며 기존의 기술과 새롭게 개발된 기술들을 함께 수록하였다.

설계가이드 체크리스트는 저에너지 친환경 공동주택 설계가이드를 보조하는 역할로서 설계 시 참고하려는 사항을 바로 쉽게 확인할 수 있도록 도와주는 요약본으로 볼 수 있다. 뿐만 아니라 저에너지 친환경 공동주택 연구단의 연구내용과의 연계를 위해 관련요소 기술참고사항에서 해당 내용에 대하여 세부기입이 되어 간략히 참고하여 적용할 수 있는 체크리스트 형식의 가이드이다.
또한 그린홈 플러스(마크 넣어주세요.) 모델별 설계가이드는 저에너지 친환경 공동주택 연구단에서 개발한 GH+40, GH+60, GH+80, GH+100 모델별 개발요소기술을 상세하게 기술하여 설계 시 기존의 기술 뿐 아니라 새로운 기술을 참고하여 더 나은 친환경 공동주택 건설을 최적화하도록 돕고 있다.

3. 적용방법 및 유의사항

본 설계가이드에 별도로 언급하지 않은 사항에 대하여는 관련 법규나 관련 조례 등의 기준에 따르도록 한다.

4장 외부환경계획 (Site Design)

1. 외부공간조성

1.1 자연자원활용

1.1.1 관련 법규 및 각종기준

가. 관련법규

- 도시계획법 제17조 (지역의 지정), 시행령 제15조 (지역의 세분)
- 도시계획법 제53조 (지역 또는 지구에서의 건축제한)
- 택지개발촉진법 제3조의 규정에 의한 택지개발지구
- 주택건설촉진법 제33조의 규정에 의한 대지조성사업지구

나. 각종기준

- 조경설계기준, 건설교통부, 2007, 25장
- 친환경 건축물 설계요령' 중 자연토양의 보전, 표토보전 및 활용
- 환경친화적 단지계획기법; 한국토지공사

1.1.2 생태적 토지이용계획

가. 산림 등 원형녹지 보전을 통한 생태환경 보전계획

① 원형녹지설정 방법

원형녹지를 설정하기 위해서는 원형녹지 보전을 위한 계획 지침 및 기준들을 제시한다. 그리고 원형녹지를 추출하기 위하여 생태자연도, 임상도, 녹지자연도, 토지피복분류도, 경사도, 하천 등을 조사·분석한다.

② 보전해야 할 원형녹지 추출

보존해야할 원형녹지를 산림 및 녹지생태 부문, 수생태 부문, 지형 부문으로 나누어 고려하고 추출한다.

나. 보전적지 결과분석에 의한 보전용도지역 설정

① 보전적지 설정 기준 제시

보전적지 설정은 해당 지구의 생태적, 자연지리적 특성 및 경관적 특성을 고려한 세부 평가항목을 선정하여 평가기준을 제시한다.

②보전적지 분석을 통한 생태축 설정 방법

보전적지의 구분은 절대보전과 상대보전의 두 가지 보전지역으로 분류하는데 절대보전은 원형존치하고, 상대보전은 보전을 원칙으로 하되 개발이 불가피할 경우 자연친화적 개발을 유도한다.

다. 표토 재활용율

표토는 생태적 다양성을 확보하는데 매우 중요한 자원으로 개발시 최대한 보존, 활용하도록 계획하고 친환경건축물 인증제도에서 표토재활용율에 따라 가산점을 제공받는 것을 유념한다.

1.2 생태면적률

1.2.1 관련 기준

- 생태면적률 적용지침, 환경부, 2005, 1장
- 저에너지 친환경 공동주택, 저에너지 친환경 공동주택 연구단, 2010.

1.2.2 생태면적률 정의

가. 자연의 순환기능

자연의 순환체게(생태계)에 내재된 생태적 기능을 의미하며, 이는 증발산 기능, 미세분진 흡착기능, 우수투수 및 저장기능, 토양기능, 동 · 식물서식처 제공 기능 등을 포함한다.

나. 생태면적률

생태면적률은 개발로 인해 훼손되기 쉬운 도시공간의 생태적 기능(자연의 순환기능)을 유지 또는 개선할 수 있도록 유도하기 위한 환경계획지표이다. 생태면적률은 공간계획 대상 면적의 생태적 기능을 고려하여 자연지반녹지를 1, 콘크리트 포장면을 0으로 하고, 옥상녹화 · 투수포장 등에 대해 각각의 가중치를 부여하여 산출한 자연순환 기능의 비율적 의미를 말한다.

1.2.3 공간유형 구분 및 가중치

생태면적률 공간유형 구분 및 가중치는 다음의 표와 같다.

[표 1.1] 생태면적률 공간유형 구분 및 가중치

공간유형		가중치	설 명	사 례
자연지반녹지		1.0	⊙ 자연지반이 손상되지 않은 녹지 ⊙ 식물상과 동물상의 발생 잠재력 내재 온전한 토양 및 지하수 함양 기능	⊙ 자연지반에 자생한 녹지 ⊙ 자연지반과 연속성을 가지는 절성토 지반에 조성된 녹지
수공간 (투수기능)	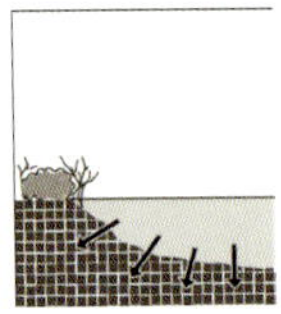	1.0	⊙ 자연지반과 연속성을 가지며 지하수 함양 기능을 가지는 수공간	⊙ 하천, 연못, 호수 등 자연상태의 수공간 ⊙ 지하수 함양 기능을 가지는 인공연못
수공간 (차수)	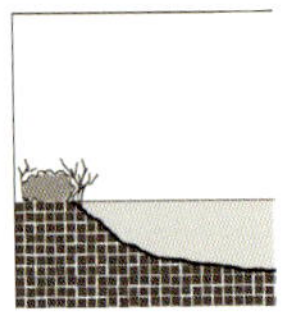	0.7	⊙ 지하수 함양 기능이 없는 수공간	⊙ 자연지반 위 차수 처리된 수공간 ⊙ 인공지반 위 차수 처리된 수공간
인공지반녹지 ≥ 90㎝	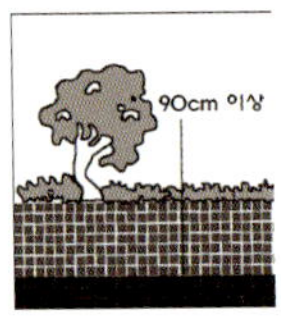	0.7	⊙ 토심이 90㎝ 이상인 인공지반 상부 녹지	⊙ 지하주차장 상부 녹지 ⊙ 지하구조물 상부 녹지
옥상녹화 ≥ 20㎝	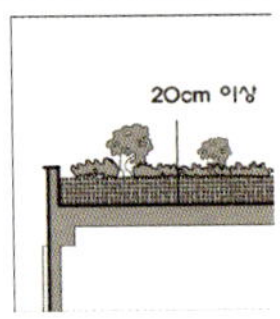	0.6	⊙ 토심이 20㎝ 이상인 녹화옥상시스템이 적용된 공간	⊙ 혼합형 녹화옥상시스템 ⊙ 중량형 녹화옥상시스템
인공지반녹지 < 90㎝	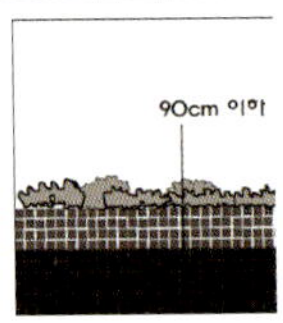	0.5	⊙ 토심이 90㎝ 미만인 인공지반 상부 녹지	⊙ 지하주차장 상부 녹지 ⊙ 지하구조물 상부 녹지
옥상녹화 〈 20㎝	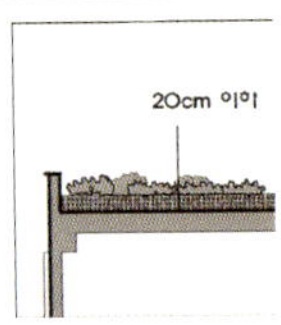	0.5	⊙ 토심이 20㎝ 미만인 녹화옥상시스템이 적용된 공간	⊙ 저관리 경량형 녹화옥상시스템

부분포장	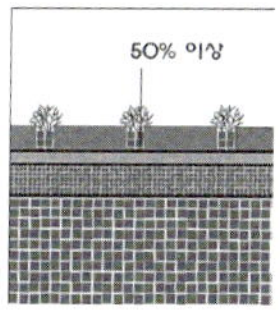	0.5	⊙ 자연지반과 연속성을 가지며 공기와 물이 투과되는 포장면, 50% 이상 식재면적	⊙ 잔디블록, 식생블록 등 ⊙ 녹지 위에 목판 또는 판석으로 표면 일부만 포장한 경우
벽면녹화	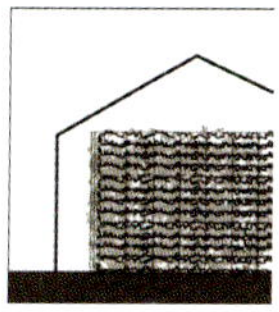	0.4	⊙ 벽면이나 옹벽(담장)의 녹화, 등반형의 경우 최대 10m 높이까지만 산정	⊙ 벽면이나 옹벽녹화 공간 ⊙ 녹화벽면시스템을 적용한 공간
전면 투수포장	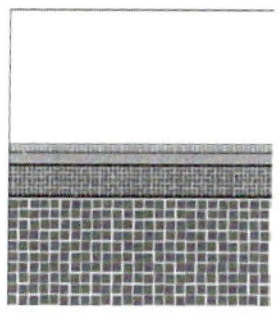	0.3	⊙ 공기와 물이 투과되는 전면투수 포장면, 식물생장 불가능	⊙ 자연지반위에 시공된 마사토, 자갈, 모래포장 등
틈새 투수포장	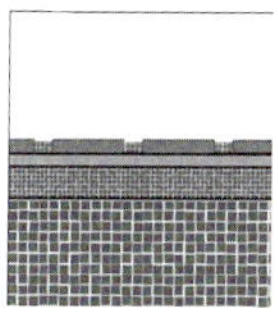	0.2	⊙ 포장재의 틈새를 통해 공기와 물이 투과되는 포장면	⊙ 틈새를 시공한 바닥 포장 ⊙ 사고석 틈새포장 등
저류·침투시설 연계면	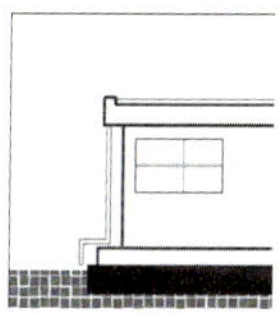	0.2	⊙ 지하수 함양을 위한 우수침투시설 또는 저류시설과 연계된 포장면	⊙ 침투, 저류시설과 연계된 옥상면 ⊙ 침투, 저류시설과 연계된 도로면
포장면	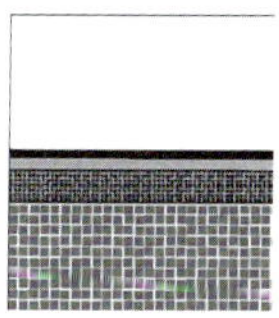	0.0	⊙ 공기와 물이 투과되지 않는 포장, 식물생장이 없음	⊙ 인터락킹 블록, 콘크리트 아스팔트 포장, 불투수 기반에 시공된 투수 포장

1.2.4 산정 방법

$$\text{생태면적률} = \frac{\text{자연순환 기능 면적}}{\text{전체 대상지 면적}} = \frac{\Sigma(\text{공간유형별 면적}\times\text{가중치})}{\text{전체 대상지 면적}} \times 100(\%)$$

[표 1.2] 환경부 생태면적률에 관한 기준

구 분		적용목표범주	생태적 가치(하)	생태적 가치(중)	생태적 가치(상)
공동주택지	저층연립	30~40%	30% 이상	35% 이상	40% 이상
	아파트단지	30~50%	30% 이상	40% 이상	50% 이상
단독주택지		30~50%	30% 이상	40% 이상	50% 이상
상업지	일반상업지구 근린상업지역 중심상업지역	20~40%	20% 이상	30% 이상	40% 이상
교육시설	초등학교 중학교 고등학교 대학교	40~60%	40% 이상	50% 이상	60% 이상
공공건물		30~50%	30% 이상	40% 이상	50% 이상
기타(최소 행정목표)		20%		20% 이상	

1.3 단지내외 녹지연계 및 생태벨트 조성

1.3.1 관련 법규 및 각종기준

가. 관련법규

- 도시계획법 제17조(지역의 지정), 시행령 제15조(지역의 세분)
- 도시계획법 제53조(지역 또는 지구에서의 건축제한)
- 택지개발촉진법 제3조의 규정에 의한 택지개발지구
- 주택건설촉진법 제33조의 규정에 의한 대지조성사업지구

나. 각종기준

- 조경설계기준, 건설교통부, 2007, 25장
- 환경친화적 단지계획기법; 한국토지공사
- 친환경주거매뉴얼(VI), SH공사, 2005, 2장.
- 저에너지 친환경 공동주택, 저에너지 친환경 공동주택 연구단, 2010

1.3.2 그린네트워크(Green Network) 개요

가. 그린네트워크 정의

생물다양성의 증대를 위해 소생물권(biotop)의 서식처 단편화를 방지하고 생물이 자유로이 이동 · 서식할 수 있도록 거점과 생태통로를 연결하며, 종 다양성이 높은 식재방식으

로 생태계 질서유지에 기여하고 학습 · 관찰할 수 있는 공간을 조성하는 것이다. (환경친화형 주거단지 모델개발에 관한 연구, 대한주택공사 주택연구소, 1996).

나. 그린네트워크의 구성요소

녹지네트워크의 핵(Core)은 인공산과 어류연못 등의 소생물권(Biotop)의 형태로 식생회랑, 실개천, 녹도 보행자전용도로 등의 생태통로(Eco-Corridor)를 각각의 단위 소생물권(Biotop) 즉, 연못, 채원, 자연학습원, 약초원, 유실수원 등을 거점(Spot)으로 연결한다. 다시 이 거점(Spot)에서 각각의 휴게소, 중정공간, 놀이터, 운동장 등의 점(Point)을 연결하여 녹지네트워크를 체계적으로 연결한다.

1.4 생물서식공간 조성

1.4.1 관련 기준

- 친환경주거매뉴얼(Ⅵ), SH공사, 2005, 2장
- 조경설계기준, 건설교통부, 2007, 12장/ 23장
- 저에너지 친환경 공동주택, 저에너지 친환경 공동주택 연구단, 2010

1.4.2 생물서식공간 조성 개요

가. 비오톱(Biotop)의 정의

비오톱은 동식물이 서식할 수 있는 공간을 말하며 전체 자연환경은 비오톱의 연결로 이루어져 있고 모든 형태의 비오톱을 포함하고 있으며 이는 보전가치가 없는 비오톱도 포함된다. 개별적인 자연환경요소를 선별해서 보존하는 것은 충분하지 않고 전체 자연환경의 구성요소로서 분류하여 보호하는 것이 바람직하다. (환경친화적 외부공간 조경설계 지침개발을 위한 연구, 한국건설기술연구원, 1996)

나. 단지내 비오톱 구성요소

[표 1.3] 환경친화형 주거단지 모델개발에 관한 연구, 대한주택공사 주택연구소, 1996

비오톱의 유형	서식생물	계획형태
숲, 초화원	수목, 풀, 꽃에 날아오는 소동물	인공산
연못, 하천, 습지	수중, 수변의 다양한 동식물	어류연못, 잠자리연못, Bird bath, 음수대
토 양	토양 속에 사는 소동물, 잡초, 선태류, 박테리아	다공질공간 (돌무더기, 나무그루터기, 장작더미)

1.5 외부공간식재

1.5.1 관련 법규 및 각종기준

가. 관련법규

건축법 제32조 [대지안의 조경]의 ①, ②, ③

나. 각종기준

- 조경설계기준, 건설교통부, 2007
- 친환경주거매뉴얼(VI), SH공사, 2005, 2장

1.5.2 생태적 식재 설계

가. 생태적 식재 설계목적

① 생태적으로 안정된 공간을 창출함으로서 녹지의 생태적 기능을 향상시키고 도시화로 인한 주거단지내 부족한 비오톱을 재조성하여 동 · 식물의 서식기반환경을 마련해 준다.

② 수목의 생태적 특성을 최대한 고려하여 준다. 차양, 증발산 및 방풍의 기능을 통하여 주택의 냉난방에너지 소비와 비용에 대한 절약이 가능하다.

나. 필요사항 및 디자인 지침

향의 고려	⊙ 건물의 동향 가까이에는 대형 낙엽활엽교목을 식재하여 여름철 오전의 광선은 차단하고 겨울철 오전의 일사는 허락하는 전략이 필요하며 소교목 및 상록수 식재는 겨울철 오전의 일조를 방해하므로 피해야 한다. 건물의 남향을 비롯한 동남향 및 서남향의 차양수목은 겨울철 광선을 차단하고, 난방기간이 긴 중부지방에선 난방에너지 요구를 가중시키므로 식재를 회피한다. ⊙ 난방에너지 절약을 위해서는 건물벽에 인접하여 상록수 위주의 방풍식재를 계획한다. 대형 낙엽활엽교목을 식재시 90㎝이상~150㎝이하의 토심에서 생육 가능한 것으로 선정, 구조적으로 문제가 없는 곳에 대형교목 등을 식재해야 한다.
바람길 고려	⊙ 여름철 시원한 남서풍이나 동남풍의 건물 내 유입을 방해하는 식재는 피하고 항풍에 평행으로 바람유도 식재를 하여 적극적으로 통풍을 조장하도록 한다. ⊙ 겨울과 여름에 불어오는 계절풍의 방향을 파악하여 겨울철의 바람이 불어오는 방향에는 상록수를 밀식하고, 여름철의 바람에 대해서는 하부의 줄기 사이로 충분한 풍도를 확보할 수 있는 활엽수를 적절하게 식재해야 한다. ⊙ 내음성, 바람에 대한 저항성이 강한 경관수를 식재하며, 측벽건물을 완화시킬 수 있도록 녹지폭을 고려한 식재를 계획한다.

다층구조	⊙ 수직적 다양성의 창출은 대기오염 완화, 생물다양성 유지 등 녹지의 기타 환경생태적 기능을 증가시킬 수 있으므로 다층구조의 식생경관을 조성해야 한다. ⊙ 다양한 곤충 및 동물의 은신처를 제공해 주기위해서는 다양한 식재층이 마련되어야 하며, 이에 따라 토심을 고려한 식재를 선정해야하며 구조적으로 문제가 없는 곳에 대형교목등의 식재를 계획한다.
곤충유인 식재	⊙ 다양한 곤충류 서식을 유도하기 위하여 곤충류의 먹이식물을 중심으로 조성한다. ⊙ 봄부터 가을까지 계속 꽃이 필 수 있도록 개화시기를 잘 고려한 식재로 꽃에 모여드는 곤충들이 연중 유인될 수 있도록 한다.
대기정화 식재	⊙ 오염피해를 받지 않고 성장할 수 있도록 환경오염에 대한 내성이 강한 수종을 선정하여야 한다. 도로변과 같은 경계부에 식재하여 단지내부로 들어오는 오염물질을 감소시키도록 한다. ⊙ 같은 수종, 같은 수령이어도 식재지역과 수종의 상태에 따라 흡수량에 차이가 있으므로 적정한 수종을 선정하도록 한다.

2. 인공지반녹화

2.1 개 요

자연지반과는 공간적으로 분리된 상태에서 인위적으로 조성된 인공구조물로서, 별도의 조치가 없이는 생물이 서식할 수 없는 공간에 인위적으로 지형, 지질의 토양층을 새로이 형성하고 식물을 주로 이용한 식재를 하거나 생물이 서식할 수 있는 수공간을 만들어서 조경공간을 조성하는 것을 말한다. (인공지반녹화 아카데미 교재, (사)한국인공지반녹화협회, 2002)

2.2 옥상녹화

옥상녹화는 지상에서 확보하기 불가능한 녹지량을 충분히 보상할 수 있는 대안으로서 중요한 역할을 한며 건물옥상을 생물의 서식이 가능한 생태적인 공간으로 녹화하는 것도 가능하다.

2.2.1 관련 법규 및 각종기준

가. 관련 법규

-건축법 제32조 [대지안의 조경]의 ①, ②, ③

-건축법 시행령 제27조의 ③

-조경기준 [건설교통부고시 제2000-159호, 2000]의 ⑨, ⑩

나. 각종기준

- 친환경주거매뉴얼(Ⅵ), SH공사, 2005, 2장
- 조경설계기준, 건설교통부, 2007, 26장, 337p.
- 옥상녹화시스템 설계지침 및 관련도서 작성지침, 서울특별시/한국건설기술연구원/(사)한국인공지반녹화협회, 2008.

2.2.2 옥상녹화 시스템에 따른 유형

옥상녹화는 이용목적, 건축공학적 조건과 조성방식에 따라 세 가지 녹화유형으로 구분되며, 이에 따라 식물선정 및 식생형태가 결정된다. 설계와 시공에 따라 다음과 같은 유형구분이 가능하다.

[표 2.1] 시스템 하중에 따른 유형구분

녹화유형	시스템 하중 구분
중량형 녹화	[녹화 하중(D.L.) - 300kgf/m² 추가, 사람 하중(L.L) - 200kgf/m²]
경량형 녹화	[녹화 하중(D.L.) - 120kgf/m² 추가, 사람 하중(L.L) - 100kgf/m²]
혼합형 녹화	[녹화 하중(D.L.) - 200kgf/m² 추가, 사람 하중(L.L) - 200kgf/m²]

[그림 2.1]
저관리·경량형 녹화시스템 조성 사례(저에너지 친환경공동주택 연구단 greenhome[plus] 옥상)

가. 경량형 녹화시스템 (토심 20㎝이하)

경량형 녹화는 일반적으로 최소의 노력으로 조성되고 유지된다. 녹화의 목표, 지역기후 조건 및 조성방식에 따라 영양공급과 같은 유지관리의 방안이 요구될 수도 있다. 구조적 제약이 있는 곳, 유지관리가 어려운 기존 건축물의 옥상이나 지붕에 주로 활용한다.

나. 중량형 녹화시스템 (토심 20㎝이상)

중량형 녹화는 다년초와 수목류를 비롯한 지피류 조성면적과 일부 교목류의 식재를 포함한다. 이 녹화유형은 식생의 높이나 종류를 다양하게 조성할 수 있으며, 이용 및 조성, 다양성을 고려하여 적합한 시설을 갖출 경우 일반 녹지와 유사하게 조성될 수 있다.

다. 경량형과 중량형 녹화 시스템의 혼합형

혼합형 녹화는 일반적으로 화본류와 다년초 및 수목을 이용한 녹화유형이다. 이용 및 조성다양성은 중량형 녹화와 비교할 때 제한적이다. 조성을 위해 투입되는 노력은 중량형 녹화보다 더 낮고 유지관리는 축소된 범위 내에서 진행된다.

[그림 2.2]
혼합형 녹화시스템 조성사례
(저에너지 친환경공동주택 연구단 green home plus 옥상)

2.2.3 필요사항 및 디자인 지침

가. 사전검토사항 (건축 + 조경)

① 녹화를 위한 하부시스템 설계가 건축부문의 선행공정으로 조경부문과의 협의 하에 결정된 후 단열, 배수, 방수, 토양, 관수시스템에 대한 설계가 이루어져야 한다. (녹화시스템 유형에 맞는 방수공법, 옥상의 배수성능을 위하여 바닥 경사도, 루프드레인 설치위치, 직경, 개수 등을 고려한 설계를 함)

② 주어진 허용응력은 건축부문에서 범위를 결정하여 옥상녹화시스템 유형 (경량형, 중량형, 혼합형)을 결정하며, 유형결정에 따라 옥상녹화 이용방안도 함께 검토한다.

나. 하부시스템의 설계

구분	내용
일반사항 (공통)	⊙ 옥상녹화는 건물의 수명과 동등한 수준의 내구성을 확보할 수 있도록 설계되어야 한다. ⊙ 옥상공간은 바람이 강하고 주변 건물로 인해 국지풍의 영향을 받으므로, 설계 시 바람을 제어할 수 있는 공간구성이나 디테일을 고려하는 것이 바람직하다.
단열층 (건축)	⊙ 시스템 자체가 가지는 단열성능을 살리고 구조체 내부에 발생할 수 있는 결로현상을 방지하기 위해 원칙적으로 외단열 공법이 바람직하다.
방수층 (건축)	⊙ 단열층의 시공방법(외단열 또는 내단열)에 따라 적합한 공법 및 소재의 선택이 필요하다. 식물뿌리에 의한 방수층파손에 대비하여 방근층설치를 필수로 한다.
배수층 (건축)	⊙ 여름철 집중 호우 시를 고려, 충분한 표면 배수와 심토층 배수가 가능하게 구성한다. 식물의 뿌리 성장으로 배수층의 기능저하나 배수구 막힘 현상이 발생하지 않도록 상세 설계에 유의하고 점검구를 반드시 설치한다. ⊙ 한 옥상에 최소 2개 이상의 루프드레인을 설치하고, 가능하면 각 모서리에 1개씩 설치한다. 저관리형 옥상녹화의 경우 빗물저수와 배수가 함께 되는 저배수판 설치를 고려한다.
육성토양층 (공통)	⊙ 식재플랜의 유형에 따라서 지피, 초화류는 3~10㎝, 관목은 30㎝, 그리고 교목은 최소 60㎝ 정도의 토심이 필요하다. 기존 건물일 경우에는 녹화 가능한 하중과 토양의 함습비중을 고려하여 토심을 결정한다.
관수시스템 (설비)	⊙ 토양 내에 매설할 경우에는 관수시스템을 먼저 시공한 뒤 육성토양층을 조성한다. ⊙ 저관리·경량형 옥상녹화시스템의 경우에도 시공과정, 초기관리, 그리고 장기간 지속되는 갈수기의 관수 관리를 위해 최소한 관수 장치가 필요하며, 자동관수기법을 사용할 수도 있다.

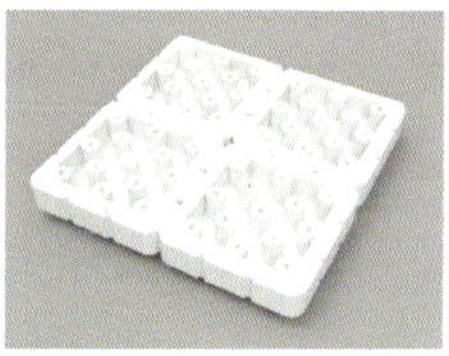

[그림 2.3]
저배수단열판
(빗물저수, 단열기능)

[그림 2.4]
저배수단열판 시공사진

[그림 2.5]
경사지붕녹화 조성사례(저에너지 친환경공동주택 연구단 green home[plus] 옥상)

2.3 경사지붕녹화

2.3.1 관련 기준

- 그린홈 적용을 위한 옥상녹화 설계 및 시공지침 2010.3 토지주택연구원
- Green home plus 핵심기술, 저에너지 친환경 공동주택, 2010, 2장 인공지반녹화시스템

2.3.2 고려사항

- 경사지붕의 경우 풍압 및 강우, 일사 등의 기상조건이 일반적인 평지붕보다 열악한 상황을 고려한다.
- 지붕경사로 인해 급속한 배수가 이루어져 상부 식생기반 생장에 필요한 수분 확보가 곤란할 수 도 있는 것을 인식한다.
- 고층 지붕의 경우는 풍압 등에 의한 환경영향으로 식물에 대한 스트레스가 발생하여 피복속도 저하를 일으키고 있으므로 이에 대한 고려가 필요하다.

2.3.3 필요사항 및 디자인 지침

- 경사지붕의 경우에는 토양고정 및 유실방지를 위한 경사버팀목의 설치가 필요하다.
- 고층건물 옥상부에서 발생 가능한 풍압에 의한 녹화토양 및 식물의 비산의 방지할 수 있는 시설설치 고려하고 인공토사용시 비산방지를 위한 무거운 화산석 멀칭 권장한다.
- 유니트된 녹화시스템 및 고형화된 식생매트등을 사용한 녹화 방법을 권장한다.
- 햇빛과 바람에 직접적으로 노출됨으로 강풍과 강한 일사조건에도 생육이 가능한 종을 선택 한다.
- 경사지붕의 경우 접근이 위험함으로 자동관수를 위한 이동식 스프링클러, 자동살수 스프레이, 점적식 관수시스템 설치 권장한다.

[그림 2.6]
패널형 벽면녹화사례
(잠실 L사 방음벽)

2.4 벽면녹화

2.4.1 관련 법규 및 각종기준

가. 관련법규

조경기준, 제4장 옥상조경 및 인공지반 조경, 제12조 (옥상조경 면적의 산정)

나. 각종기준

친환경주거매뉴얼(VI), SH공사, 2005, 2장

2.4.2 벽면녹화 개요

가. 정의

건축물의 벽면, 각종울타리,방음벽, 콘크리트옹벽등의 수직면과 사면 등 인공적으로 만

[그림 2.7]
와이어형 벽면녹화사례(저에너지 친환경공동주택 연구단 greenhome^plus 옥상)

들어진 입면에 대하여 식물을 도입하여 녹음으로 피복하는 것이다.
(도시건축물 입면녹화지침, 환경부 자연보전국, 1998)

나. 목적

① 벽면녹화는 삭막한 콘크리트 벽, 회백색의 벽면을 녹음으로 덮음으로써 도시경관을 향상시키며, 작은 야생동물의 서식처 및 피난처를 제공하며, 냉난방에너지가 절감된다.

② 벽면으로부터의 반사광을 녹화할 경우 반사광의 발생을 방지할 수 있다.

③ 흡착력 있는 덩굴식물로 녹화하면 지진시 붕괴방지를 위한 보강재로서 효과가 있으며, 오염물질을 흡수·흡착하여 대기오염농도를 감소시키며, 부수적인 방음효과도 있다.

④ 벽면은 건축물의 경관향상 및 도시녹지공간 확보를 위한 적절한 대안이 필요하다.

2.4.3 벽면녹화 디자인 세부지침

사전조사 (공통)

- 바람이 센 곳은 건조해지기 쉬운 환경이므로 내건조성이 큰 식물을 선정하여 식재하고 바람의 영향에 대해 검토하여야 한다.
- 벽면 재료에 따라 다를 수는 있으나, 금속류, 콘크리트 등의 재료 또는 흑색계통의 건축물일 경우 여름철에 약 50℃까지 표면온도가 상승하여 식물에 장애를 줄 수 있으므로 온도의 영향을 검토하여야 한다.
- 건축물의 표면상태가 매끄러운 경우에는 흡착형 덩굴식물의 활용이 곤란하므로 등반보조재를 활용한 녹화공법을 선정하여야 한다.
- 입지조건에 따른 식재기반 조성을 고려한다. 예를 들어, 토양공간이 없는 경우 식재용기를 설치하거나 인공적인 식재기반 조성을 하도록 해야 한다.

녹화식물

- 건축물 차폐, 경관향상, 대기오염정화, 에너지 절감 등 녹화 목적에 따라 식물을 선정한다.
- 생육이 왕성하고 피폭이 빠른 식물, 병충해 및 건조에 강한 식물을 선정한다.
- 생육이 불량한 장소에는 내음성, 내건조성, 내공해성, 내한성을 고려하여 선정한다.
- 담쟁이덩굴, 인동덩굴, 등나무, 멀꿀, 으름덩굴 등은 5m 정도의 벽면이면, 2~3년 내에 전면피복이 가능하며, 모람, 마삭줄, 줄사철나무 등은 4~5년 정도 소요된다.
- 흡착형 식물에는 담쟁이덩굴, 송악, 모람, 마삭줄, 줄사철나무 등이 있으며, 감기형 식물에는 등반보조재가 필요한 것으로서 노박덩굴, 으아리, 인동덩굴 등이 있다.

벽면 녹화 유형별 녹화방법

녹화 유형	녹화 형식	녹화 방법	적용 식물	비 고
벽면 피복형	벽면 올림	식물을 벽에 직접 부착시켜 타고 올라가게 한다.	부착성 넝쿨식물	일반적으로 평활한 벽면에는 부착곤란

벽면 녹화 유형별 녹화방법

벽면 피복형	격자 올림	벽면에 설치한 격자를 이용하여 식물을 묶거나 혹은 유도하여 올라가게 한다.	줄기가 길게 뻗어 자라는 식물, 부착성 넝쿨식물	
벽면 피복형	벽면 내림	옥상에 식재한 넝쿨식물이 벽면을 타고 내려가게 한다.	넝쿨식물	늘어뜨리면 성장불량인 식물이 있다.
	화분 설치	발코니나 창대에 놓은 화분에 식물을 심는다.	넝쿨식물, 화초, 저목	
	벽면 식재	벽면에 설치한 배지에 직접 식물을 심는다.	솔잎채송화 등 초목류	설치한 배지의 내수성이 문제이다.
벽전 식재형	벽전 식재	건물에 인접하여 키가 큰 나무를 식재 한다.	교목	
벽면일체 탈부착형	벽면 부착	식물이 심어진 매트를 건물 외벽에 붙이는 방식이다.	이끼, 잔디 등	고층건물에도 적용가능하다.

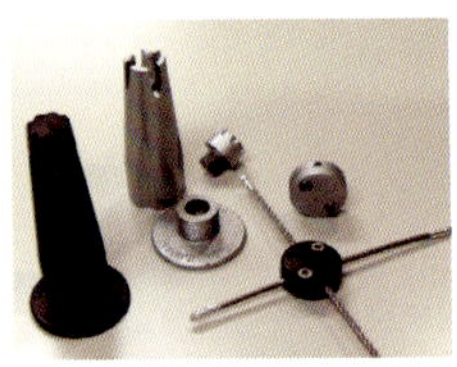

[그림 2.8]
와이어형 생육보조재(그린포스트)

[그림 2.9]
메쉬형 생육보조재(그린메쉬)

식재기반 (건축+조경)

- 등반보조재를 이용할 경우에는 관리가 용이하고, 미관을 해치지 않도록 하며, 나무격자, 철망(메쉬), 와이어 등을 활용한다.
- 어린 식물이 벽면에 도달할 수 있도록 경사지게 지지대를 세워주는 것이 바람직하며, 낙엽성 식물을 사용하면 겨울철 낙엽이 지게 되어 등반보조재가 그대로 드러나므로 겨울철 미관을 고려하여 보조재를 설치한다.

관수 (설비)

- 녹화기법 및 식재기반에 따라 관수나 배수설비가 달라질 수 있다.
- 우수를 이용할 수 있는 경우에는 관수설비를 별도로 설치할 필요가 없으며, 파이프 등을 활용하여 지속적으로 관수가 필요한 경우도 있다.
- 식재용기를 사용하는 경우 적당하게 구배를 두고 배수공을 설치한다.
- 자연지반의 경우 특별한 배수설비가 필요 없으나, 인공지반의 경우 뿌리가 썩는 원인이 되므로 배수설비가 필요하다.

3.분산식 빗물관리

3.1 관련법규 및 각종 기준

3.1.1 관련법규

-물의 재이용 촉진 및 지원에 관한 법률 제 8조
-자연재해대책법 19조
-저탄소 녹색성장 기본법 52조

3.1.2 각종기준

- 서울특별시 빗물관리에 관한 조례(조례 제4351호)
- 빗물관리실무매뉴얼, 서울특별시, 2006, 2장
- 서울특별시 빗물관리시설의 설치 및 지원에 관한 지침 2006
- 조경설계기준, 건설교통부, 2007, 25장, 326p
- 도시 공원 내 저류시설의 설치운영지침 제 3조
- 행정중심복합도시 빗물관리 계획수립 연구, 국토해양부, 2009

3.2 분산식 빗물관리 개요

3.2.1 정의

분산형 빗물관리는 지붕, 도로 및 기타 불투수 지표면에 내린 강우를 이수, 치수, 환경측면에서 효율적으로 이용 · 관리하는 기술로서 기존의 중앙집중식 물관리체계에만 의지하는 것이 아니라 저류 및 이용, 침투 그리고 증발산을 통해 도시배수기능 이외에 환경 친화적이고 생태적인 도시물순환을 유도하는 기술이다.

3.3 빗물관리시설 종류 및 특성

3.3.1 빗물 저류 및 이용시설

일반적으로 집수면, 처리시설, 저장시설, 이용시설, 모니터링 시설로 나눌 수 있다. 구성 요소 및 개요는 다음과 같다.

가. 집수면: 빗물을 모으는 대상이 되는 곳으로 흔히 건물의 지붕이 사용된다. 집수면의 상태는 수질과 밀접한 관련을 가지므로 항상 깨끗하게 유지되어야 한다. 집수면의 종류는 지붕면, 도로, 지표면, 건물벽면 등이 있다.

나. 처리시설: 빗물과 함께 쓸려온 나뭇잎이나 모래 등의 협잡물을 걸러내는 시설로 설치 환경에 따라 다양한 종류의 필터가 사용가능 하다.

다. 저장시설: 집수된 빗물을 저장하는 시설로 빗물저류이용시설의 효율을 결정하는데 아주 중요한 역할을 하는 시설이다.

[그림 3.1] 빗물이용시설의 구성 요소(행정중심복합도시 빗물관리 계획수립 연구, 국토해양부, 2009)

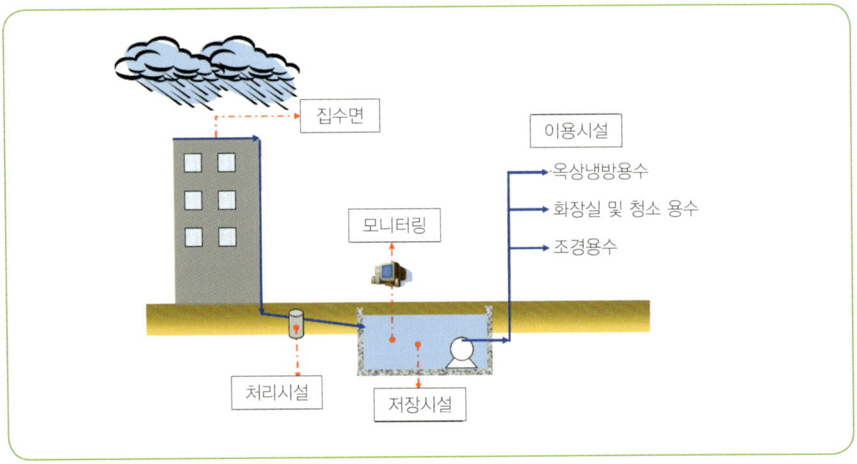

라. 이용시설: 저장조에 모은 빗물을 실제 이용하는 시설로써 일반적으로 화장실용수, 정원용수 등으로 사용된다.

마. 모니터링시설 : 빗물이용시설의 운전을 감시 및 제어하는 시설이다.

[그림 3.2] 필터의 종류

3.3.2 빗물침투시설

가. 침투 시설 설계 및 설치 시 고려사항

① 하수도법에서 정한 '공공하수도의 설치기준', '공공하수도의 구조기준' 및 '배수설비의 설치 및 구조기준' 등에 따라 설치한다.

② 분산식 빗물관리시스템은 기본적으로 도시환경의 개선(자연계 수순환의 복원, 토양 생태성 향상, 비점오염원 관리, 빗물유출저감, 미기후 개선 및 도시 경관 향상)을 전제로 계획하여야 한다.

③ 토질조사 결과에 따라 구간별 토질에 따른 투수계수를 산정하여 각 구간 토질성상에 맞는 침투시설을 계획하여야 한다.

④ 도랑, 인공습지 등 빗물침투시설내 빗물은 24시간 이내에 침투되도록 설계하여야 한다.

[표 3.1] 설치장소별 토지이용에 따른 적용가능 침투시설(효율적인 빗물관리방안 연구, 건설교통부, 2005)

설치장소 토지이용	집수대상	적용침투시설					
		침투통	침투 트랜치	침투 측구	투수성 포장	도로 침투	침투 저류조
단독주택	지 붕	○	○				○
	건물주변	○	○	○	○		○
주택단지, 학교 등	지 붕	○	○	○			○
	건물주변	○	○	○	○		○
공원 등	녹지, 도로, 주차장, 운동장	○	○	○	○		○
도 로	보차도 구별이 있는 도로의 차도			○		○	
	보차도 구별이 없는 도로의 보도			○	○		
	보차도구별이 없는 도로			○	○	○	

[표 3.2] 빗물 침투시설(빗물관리실무메뉴얼(2006. 9) 서울특별시)

침투시설	특 성
침투통	통의 바닥에 모래, 쇄석을 충진하여 채운 구조로 유출수를 땅속으로 분산 침투시키는 시설
침투 트렌치	우수관 사이를 잇는 시설로서 유공 및 투수성 콘크리트 등으로 시공하여 빗물을 유도하거나 침투시키는 시설
침투측구	투수성 콘크리트 등을 사용하여 공원 및 운동장 주변 등에 설치하여 빗물을 유도하거나 침투시키는 시설
투수성 포장	주차장, 보도 등을 투수성 재료로 포장 시공하여 빗물을 신속하게 침투시키는 시설
투수 보도블럭	보도 등을 투수성 블록 재료로 시공하여 빗물을 침투시키는 시설
쇄석공극 저류침투	주택사이 공간 등에 자갈과 모래를 포설하여 빗물을 땅속으로 침투시키는 시설

나. 빗물침투시설의 설치 제한

빗물의 침투에 의하여 위해발생이 우려되는 다음 지역에는 침투시설을 설치하지 않는다.

① 산사태 위험지역, 급경사지 등 빗물의 침투에 의해 지반의 안정성에 문제가 발생할 우려가 있거나 자연환경에 영향을 줄 수 있는 지역

② 지하건물의 밀집 등으로 빗물침투시 주변지역의 건물에 누수 등 문제가 발생할 우려가 있는 지역

③ 지하수의 함양이 높아 빗물침투가 불필요한 시역

④ 공장, 매립지역 등의 수질오염원이 있어 빗물침투시 토양 또는 지하수 오염이 우려되는 지역

4. 통합단지계획

고층의 아파트 동을 단지 내에 계획할 때 그 배치는 외부환경 및 실내환경의 질에 영향을 미친다. 아파트동을 잘못 배치함에 따라 발생할 수 있는 쾌적하지 못한 환경을 방지하기 위해 단지 계획시에 일조와 환기, 소음, 조망 등을 통합적으로 고려해 계획하는 것이 중요하며 도시내 열섬현상을 줄이기 위한 외부공간 포장이나 수공간 녹지공간의 비율, 단지 내 통풍계획 등도 중요하게 고려해야 할 요소이다.

4.1 대지계획

대지계획 개요	⊙ 대지의 경사와 지형 등은 배치의 구성에 큰 영향을 준다. 친환경적인 배치 구성을 위해서는 대지의 경사와 지형을 무시하고 인공적인 흐름을 만들어 내기보다는 기존의 조건을 이해하고 대지 자원을 이용할 수 있는 구성이 이루어져야 한다.
대지계획 기본고려사항	⊙ 대지나 주변의 물리적 환경과의 관계는 계획하는 건물에 큰 영향을 미치기 때문에 이들을 고려한 대지계획 및 건물배치를 검토해야 한다. ⊙ 생태계나 물순환 등, 그 토지가 갖는 자연환경을 가능한 한 손상하지 않도록 배치해야 한다. ⊙ 대지주변의 공기, 토양, 물, 식생과 같은 외부공간 요소(바람, 지중열, 물, 식생)를 조절함으로써 온화한 미시기후를 조성해야 한다. ⊙ 건물의 냉·난방 부하를 감소시키는 디자인을 통해 기계적인 설비시스템의 사용을 최소화해야 한다. ⊙ 건물외피 계획, 시스템 계획과 연계하여 종합적으로 고려해야 한다.

4.2 배치계획

배치계획 개요	⊙ 공동주택계획에 있어서 외부환경계획이 차지하는 부분은 대부분의 단일 건물계획에 비해 큰 비중을 차지한다. 이는 대규모로 이루어지는 단지 차원의 계획이 많아서 공동주택단지 하나의 계획으로 주변의 미기후를 바꿀 수 있는 영향력을 가지기 때문이다. ⊙ 단지 내에 형성되는 커뮤니티 공간과 생태적 공간 등은 도시에서 거주자들이 접하기 힘든 휴식공간을 제공하면서 신체적 · 정신적 건강에 영향을 미치게 된다. 따라서 건물의 배치계획에서는 기후조건이나 대지조건, 생태계 조건 등을 바로 읽어내고 계획에 반영하여 친환경적인 건강한 아파트를 만들어 낼 수 있는 능력이 가장 중요하다고 하겠다.
건물의 배치계획	⊙ 건축물은 대지의 향, 일조 및 주풍향 등을 고려하여 배치하며, 남향 또는 남동향 배치를 한다. ⊙ 공동주택은 인동간격을 넓게하여 저층부의 일사 수열량을 증대시킨다.

기존자연환경 및 자연경관을 고려한 배치	⊙ 기존 자연환경을 무시하는 획일적 단지배치계획 및 이에 따른 대규모 토목공사로 인한 자연자원 파괴를 최소화하고 사용자들에게 자연과 공생할 수 있는 친환경 외부공간을 제공해야 한다. ⊙ 미사용 부지의 이용: 농지, 공원용지등으로 사용되던 토지의 개발은 지양한다. ⊙ 기존 사용부지의 이용: 기존 사용 부지는 녹지의 훼손 및 도시시설의 확장을 필요로 하지 않는 장점이 있다.
자연채광을 고려한 건물 배치계획	⊙ 유리의 주된 입면은 남쪽이나 동쪽에 면해야 한다. 남쪽에 면한 창은 겨울철 열획득에 유용, 여름철엔 높은 태양 고도로 상대적으로 열획득이 적다 ⊙ 서쪽과 남서쪽에 면한 실의 창은 일사 획득에 의한 과열에 취약하다. ⊙ 북동쪽에 면한 경사진 천창은 여름철 과열에 영향을 주며 동쪽에 면한 유리는 경량건물이나 경량체로 마감한 건물에서 과열의 원인이 된다. ⊙ 건축물을 배치할 때 충분한 일조와 일사를 받기 위해서는 대지의 남쪽 또는 동서측 방향으로 도로를 배치하는 것이 좋다.
건물의 배치 계획시 고려사항	⊙ 태양의 일사량을 확보하기 위한 향을 설정하고 주동의 형태에 따라 주요실의 배치 및 도로를 계획하면 주호 당 에너지 수요를 저감시킬 수 있다.

계획방향	조절계획
태양의 위치고려	⊙ 일사량 확보를 필요로 하는 건물의 주요실 배치는 정남향을 기준으로 E45~W15°의 범위가 유리하다.
대지의 방위, 경사도	⊙ 경사지의 이용은 인동간격에 의한 음영지역을 최소화할 수 있다.
건물의 grouping과 방위	⊙ 남향배치형의 경우 평면 형태에 따라 주요실이 남측 전면부에 면할 수 있도록 고려한다.
도로의 배치	⊙ 주진입로를 남에서 북으로 내면 바람의 유도로 여름철 환기에 유리하고, 남서측으로 난 진입로는 북서풍과 직교하여 방풍과 통풍 동시에 유리하다.
건물에 의한 음영	⊙ 일정시간 동안의 일조확보를 위한 배치를 고려한다.

4.3 일조계획

일조 일사 계획 개요	⊙ 남쪽에 면한 경사지는 북쪽으로 경사진 지면보다 일사를 더 많이 받는다. – 높은 건물은 북쪽으로 위치시켜서 낮은 건물에 음영이 생기지 않도록 한다. ⊙ 잠재적인 일사 획득의 영향을 평가할 때, 수목에 의한 음영이나 인접한 건물 벽과 표면의 복사열을 고려해야 한다 – 기존에 위치하고 있는 건축물 뿐만 아니라 장래에 있을 인접대지의 개발에 미칠 잠재적 영향에 대해서도 고려가 이루어져야 한다.

일조 일사 계획 개요	⊙ 전통마을에서 주거지 배치의 기본 원리중 하나는 일조와 방풍이다. 특히 녹지의 배치와 단위주거의 부속채 배치가 이러한 원리에 따르는 것을 볼 수 있다. 현대의 단지에서도 건물을 일조와 방풍을 고려하여 배치함으로써 에너지 사용 부하를 절감하고 단지 내의 환경부하를 최소화할 수 있다.
일조 평가	⊙ 친환경 건축물 인증제도에서는 각 세대별 거실창에 면한 발코니 외벽면의 폭과 높이의 중앙지점에 측정점을 지정하여, 동지일을 기준으로 09:00~15:00 사이에 최소 2시간의 연속일조가 확보되는 세대수를 전체 세대수에 대한 백분율로 평가하고 있다. 친환경 주택은 세대에서의 연속일조를 최대한 확보할 수 있도록 설계한다. ⊙ 일조평가 시뮬레이션 프로그램을 활용하여 각 세대에 대한 일조평가를 실시하여 설계도서에 첨부하고, 평가 내용을 입주자가 확인할 수 있도록 사용자 유지관리 매뉴얼에 포함하여 제공한다.

4.4 소음기준 만족하는 배치계획

소음기준 만족하는 배치계획 개요	⊙ 단지의 환경영향평가서(소음분야) 상의 소음도 평가결과 또는 소음도 (예측)평가서 제출물을 토대로 환경기준(환경정책기본법시행령 제2조)과 비교하여 평가한다.
음향계획	⊙ 건축물에 적용할 수 있는 차음기술은 일반적으로 건물의 설계, 시공, 건물의 사용 및 유지관리, 해체 등 건물의 생애 전과정에 대하여 지속 가능한 접근을 고려할 수 있다. 건물의 재실자들에게 소음으로 인한 피해를 방지하기 위해서는 설계단계에서부터의 기술적인 고려가 우선되어야 한다.
차음을 고려한 건물의 배치계획	⊙ 소음감쇠효과를 도모하는 수림대 계획: 대지내의 수림대 조성은 수림대의 무성한 잎으로 음을 확산시켜 잎에 의한 흡음을 통해 부분적인 감쇠효과가 있다. ⊙ 건물배치: 건물은 가급적이면 소음원측으로부터 멀리 배치하거나 불가피한 경우, 소음원에 접하는 면을 최소화하는 것이 바람직하다. ⊙ 쾌적한 음환경은 재실자의 쾌적함과 생산성 향상 위한 필수적 요건이다. ⊙ 외부에서 발생되는 소음을 허용 가능한 수준으로 줄이기 위해 건축물 외벽의 차음설비를 한다.

4.5 바람길 계획

바람길 계획 개요	⊙ 주동 배치계획 단계에서 단지 내·외 녹지 및 수공간 연계를 고려하여 대지 및 녹지에서 생성된 차고 신선한 공기가 단지 내에 관통하도록 설계한다. 또한, 단지 내에 유입되는 자연풍의 흐름을 막지 않도록 주풍향에 맞추어 배치계획을 수립한다.

바람길 계획 적용	⊙ 단지 내 유입되는 자연풍의 흐름을 막지 않도록 주 풍향에 맞추어 배치계획을 수립한다. ⊙ 주변 하천 및 녹지에서 생성된 차고 신선한 공기가 단지 내에 관통하도록 배치계획을 수립한다. ⊙ 위의 내용을 만족하도록 배치계획단계에서 CFD 해석을 통한 바람길 조성 평가 또는 개념적인 SITE 분석을 한다. 바람길 조성 개념분석은 설계도서에 첨부한다.
바람길 계획 방법	⊙ 단지 주변에 위치한 하천, 호수, 해안 등 찬공기가 생성될 수 있는 지역과 계절별 주풍항(主風向)을 고려하여 녹지축과 오픈스페이스를 계획한다. 이를 통해 여름에는 시원한 바람이 단지 내로 유입되고 덥고 오염된 공기는 원활하게 배출되어 열섬현상을 완화할 수 있다. ⊙ 겨울에는 난방에너지 부하을 절감할 수 있도록 차가운 계절풍을 적절하게 차단하는 것이 중요하다. 기존 산지와 같은 지형요소, 마운딩이나 방풍림을 조성할 수 있는 녹지의 계획, 건축물의 방향설정 등을 이용할 수 있다. ⊙ 지형을 통한 바람길이 형성될 수 있도록 산, 언덕 같은 높은 지형에서는 바람의 영향으로 사면의 습도상태가 변화하여 표고가 높아짐에 따라 온도가 감소하는 결과가 발생하는 것을 고려하고, 계곡의 골짜기에 차가운 공기층을 형성해 낮에는 상승하고 밤에는 하강하는 계곡형 하강기류를 형성함으로 단지계획에서 고려한다. ⊙ 바람길 내부에는 식생이 지표면에 직접 내리쬐는 일사와 지표면으로부터의 복사열을 조절하는 기능이 장애되지 않도록 한다. ⊙ 바람유입구에 해당되는 계곡, 산림 및 언덕지역 등은 차갑고 신선한 바람이 가장 많이 생성되는 지역이므로 바람 유입에 저해가 되지 않도록 녹지(바람 숲) 및 식재 위치를 고려하고, 찬바람 통로가 주변도로에서 발생한 대기오염물질에 오염되지 않도록 바람의 흐름을 고려한다. ⊙ 단지계획시 주변의 찬 바람생성지역인 산과 언덕, 계곡, 하천에서 불어오는 바람의 방향, 강도 변동여부를 확인하고, 주거동 배치시 계절별 풍향을 분석하고 녹지축과 연계하여 개발한다. ⊙ 바람길 내부는 녹지와 어린이 놀이시설 등을 설치하여 공간적 질을 향상시키고, 찬 바람 생성과 바람의 흐름에 저해가 되는 시설은 억제한다.

4.6 단지외부계획

단지 외부 열환경 성능 검토	⊙ 전체 대지의 열적 성능을 상세하게 분석하기 위해 시뮬레이션 프로그램을 통해 인공지반의 조성방법(표면마감, 토양재료, 토심)의 차이가 인공지반의 열류특성에 미치는 영향에 대해 검토하여 미기후 개선에 참고하여 설계에 반영한다. ⊙ 건축물의 외벽 또는 지붕면에 시공되는 마감자재는 반사율이 높은 제품으로 설치한다. 단, 최상층 지붕에 태양광 발전 패널이나 옥상녹화를 설치한 부분은 제외한다.

4.7 신재생 에너지 계획

신재생에너지 설치를 위한 주동계획 방법	⊙ 신·재생에너지를 설치할 경우에는 신·재생에너지 시설의 생산효율성을 높이는데 장애가 되지 않도록 최적의 위치에 설치하여야 한다. ⊙ 남향 위주의 단지계획 및 주동배치로 태양에너지의 이용을 극대화함과 동시에 건물외관 디자인에서도 태양에너지 이용과 건축미관을 동시에 고려하도록 한다. ⊙ 단지 내의 완만한 남향 경사지는 태양광이나 태양열을 활용할 수 있는 잠재력이 크므로, 남사면의 활용을 극대화할 수 있도록 토지이용계획을 수립한다. ⊙ 태양열집열판 및 집광판을 설치할 때에 방위각은 그림자 영향을 받지 않는 곳에 정남향으로 하고, 현장여건에 따라 정남을 기준으로 동서로 45도의 범위 내에서 설치하여야 한다. 경사각은 가능 그 지방의 위도와 같은 각도로 설치하며 현장여건에 따라 조정하여 설치하되 70도 이상 20도 미만은 가급적 피한다. ⊙ 주변에 일사량을 저해하는 장애물이 없어야 하며 오전 10시에서 오후 2시 사이에 모듈 전체 면에 음영이 없어야 한다. – 지열이용 열펌프 시스템은 대상 건축물 및 대지의 특성, 유효 공간, 지질의 상태, 경제성 등을 고려하여 시스템의 종류를 적절하게 선정해야 한다. ⊙ 풍력발전설비는 건축물의 설치 유효공간, 연중풍향 및 풍속, 경제성, 안전성 등을 고려하여 풍력발전 적용여부 및 적용시스템의 종류를 선정하여야 한다.

4.8 보행자 및 자전거계획

대지내 보행자도로 계획	⊙ 자전거 이용자와 보행자를 위해서 이동경로는 지속적이고 직선적이어야 하며 복잡한 교통, 소음, 오염으로부터 방해 받지 않아야 한다. ⊙ 주변 자연환경과 보행자 전용도로, 오버브릿지 등으로 연결한다. ⊙ 보행자와 자전거도로는 일반적으로 최대 1:20의 경사도 정도로 부지의 등고선을 따라야 하고, 단거리 보행을 위한 최대경사는 1:12이다. ⊙ 보행동선계획: 보차 분리의 원칙을 기본으로 대상지 중앙을 관통하는 주보행동선과 내부를 순환하는 보조보행동선으로 계획하며 외부보행동선의 연계를 고려하여 계획한다.
자전거 계획	⊙ 자전거의 안전한 보관 및 환승시설의 제공 등은 자전거 이용 환경의 조성을 위해 중요하며, 자전거 이용을 권장함으로써 개인승용차 이용을 줄일 수 있다.
자전거 보관소시설 및 자전거도로 계획	⊙ 인간친화적인 교통환경을 가능케하며, 에너지 소비와 공해발생을 저감할 수 있다. 자전거 이용 환경의 조성을 위해 안전한 보관 및 환승시설 등의 기반환경 구축이 필요하다. ⊙ 자전거이용자가 안전하고 편리하게 이용할 수 있는 장소에 설치하고 자전거주차장표지판을 설치하여야 하며 통행인에게 장애가 없도록 해야 한다.

자전거 보관소시설 및 자전거도로 계획	⊙ 자전거주차의 편의를 위하여 자전거주차장치 및 눈·비 등을 가리기 위한 천막 등을 설치해야 한다. ⊙ 자전거의 도난방지를 위한 장치의 설치를 용이하게 해야 한다. ⊙ 조명시설을 설치하여 야간에 이용하는 경우에 불편이 없도록 해야 한다. ⊙ 보행자전용도로와 자전거도로가 함께 조성된 단지 내 도로인 경우 6m 이상으로 조성된 경우를 인정하며, 자전거전용도로 폭은 최소 2m이상 조성되어야한다. ⊙ 자전거도로의 확보: 자전거만이 통행할 수 있도록 분리대, 연석 기타 이와 유사한 시설물에 의하여 차도 및 보도와 구분하여 설치된 자전거 도로를 확보하며 2.0m 이상의 폭이 확보 되도록 한다. ⊙ 자전거 보관대의 설치: 단지 내 자전거 보관대 설치를 확대하여 0.5대 이상/세대 수량만큼 설치하며 보관대 최소 크기는 2.0m X 0.65m (1.3㎡)규격이 충족 하도록 한다.

5장 건물계획 (Building Design)

1. 구조형식 및 공간구성

건물의 공간구성은 주거패턴을 고려한 계획적인 측면뿐만 아니라 건강한 환경을 만드는 데에서도 중요한 역할을 한다.

1.1 가변형 평면 시스템

기존에 건설된 대부분의 아파트들은 벽식 구조를 채용해 평면구조의 변경이 쉽지 않았다. 그러나 요즘 거주자의 취향에 따라 다양한 평면이 요구되고 라이프사이클에 따라 평면구조의 변형이 필요한 만큼 이러한 요구에 대응할 수 있는 기둥식 가변형 평면과 이를 구현할 수 있는 벽체시스템을 요구하고 있다. 또한 거주자의 의사를 최대한 반영할 수 있고 사회의 다변화, 가족주기의 변화 등을 유연하게 수용할 수 있는 내부 공간 구성이 용이하게 변화할 수 있는 주택이 필요하다.

1.1.1 가변형 평면시스템 도입

가벽형 평면시스템의 목적은 거주자의 미래 라이프사이클 및 라이프스타일 변화에 대응할 수 있는 평면개발을 유도하여 불필요한 주택의 개조에 따른 자재의 낭비를 막는데 있다. 가변형 벽체 시공이 가능한 구조(RC라멘조)로 적용한다.

1.1.2 가변형 평면디자인의 기본 설계요소

구분	내용
구조시스템 계획	⊙ 공간가변에 용이하게 대응할 수 있는 RC라멘조, Flat Plate Slab(무량판구조), 내부에 보 없는 장스팬 구조가 적합하다. ⊙ 고 내구성 구조로 슬래브 두께 210mm, 물시멘트비 55% 권장한다.
내부공간 계획	⊙ 물사용 공간(주방, 화장실)을 집중 배치하여 공간을 구성하고 하부는 이중바닥구조 또는 슬래브 다운을 적용한 이중바닥구조가 필수적이다. ⊙ 이중천장은 일부구간에 선택적 적용하고 바닥구배 1/50~1/100 가능하도록 바닥높이 결정하여 계획한다.
공용설비 계획	⊙ 수직 배관은 계단실, 복도등의 외부에 설치하고 수평배관은 이중바닥구조로 하부에 배선하고 Flexbie Pipe System등을 적용한다.
기 타	⊙ 내장건식 벽체 및 수납용 가구 등에 설치한다. ⊙ 배선용 걸레받이, 돌림띠 설치, 해체 가능한 건식 바닥난방 설치이다. ⊙ 주호 내부공사 – 바닥 및 천장 선행, 벽체 후시공 공법이다.

1.1.3 가변형 평면의 설계기준

구분	내용
공용공간	⊙ 공용공간 규모는 거주자의 주호 규모, 가변 요구 및 장래 사회변화에 대응하도록 공용복도나 계단의 폭을 충분히 확보한다. ⊙ 공용공간의 위치는 되도록 외기에 면하도록 한다. ⊙ 공용설비 공간은 거주자의 가변 요구 대응 및 공용설비의 점검 및 보수, 갱신이 용이하도록 구조체와 함께 구획하여 독립적 경로를 마련하는 것을 원칙으로 충분한 여유공간을 확보한다. ⊙ 공용설비의 위치는 가능한 공용공간에 설치하는 것을 원칙으로 하되 불가피하게 주호 내부에 위치할 경우에는 주호의 외기부분이나 발코니 공간 등에 예비 덕트를 설치한다.
전용공간	⊙ 실 구성 치수는 실 기능의 최소치수 이상을 확보하여 실간 공간 가변이 용이하도록 한다. ⊙ 층고는 전용배관, 배선의 이동경로 확보 및 수직방향의 공간 가변을 고려하여 충분히 확보한다. ⊙ 천장고 및 바닥 단차는 칸막이벽 이설시 장애가 발생하지 않도록 균질하게 계획한다. ⊙ 전용설비 공간은 주호 내부의 가변 대응과 유지관리 및 갱신성을 확보할 뿐만 아니라 홈오토메이션에 대응하기 위해 구조체와 분리된 별도의 공간을 확보한다. ⊙ 전용설비 위치는 주호 내부의 개별 전용부분에 배치시켜 공용배관과의 독립성을 확보한다.

전용공간	⊙ 가변계획의 대상이 되는 가변영역과 고정되는 영역을 명확히 구분하여 조닝한다. ⊙ 가변조닝계획을 토대로 물 사용 공간의 가변 정도 및 수준을 결정한다.
구조계획	⊙ 구조방식은 공간 가변에 용이하게 대응할 수 있는 Flat Slab 구조 및 라멘조를 적용한다. ⊙ 구조체 위치는 공간 가변이 용이하도록 가능하면 주호 외부에 위치하거나 경계벽 주변에 위치할 경우 주호내에 돌출되지 않도록 하며, 불가피하게 주호 내부에 위치하는 경우에는 공간의 가변성을 저해하지 않는 곳에 위치하도록 한다. ⊙ 세대 경계벽이 내력벽일 경우 향후 수평방향 세대 통합을 고려하여 개구부 부위를 미리 설정한 뒤 개구부 주위를 구조 보강한다. ⊙ 세대 경계바닥 슬래브는 향후 수직방향 세대 통합을 고려하여 세대내 계단 설치를 위한 슬래브 개구부 예상부위를 구조 보강한다.

1.2 가변형 벽체 시스템

주거공간의 효율적 활용을 위한 Open Plan은 거주자의 각기 상이한 라이프스타일에 따른 다양한 요구 수용 및 건물의 장기적 사용과 노후화에 따른 합리적 개 · 보수에 대한 요구 등 기술적 측면에의 필요성에 의하여 최근 적용이 더욱 활발해 지고 있다.

1.2.1 가변형 벽체시스템의 종류

가변형 벽체는 시스템의 구성방법과 그에 따른 시공상의 차이점에 의하여 다음과 같이 구분 한다.

[표 1.1] 가변형 벽체시스템의 종류

종 류	특 징
골조형	⊙ 골조를 현장에 설치한 후에 마감재를 시공하는 방식이다. ⊙ 골조 및 마감재를 별도로 시공한다. ⊙ 자재를 현장에서 가공하므로 치수 대응이 용이하고 공사비가 저렴하다. ⊙ 고정식이므로 재사용이 어렵다.
패널형	⊙ 골조 및 마감 바탕재의 일체화 시공이 가능한 방식이다. ⊙ 패널 형태로 시공하는 개념이다. ⊙ 설계치수에 따른 주문제작 방식이다. ⊙ 공사비가 비싼 편이다.
수납형	⊙ 가구형식의 수납이 가능한 벽체 시공 방식이다. ⊙ 공간계획과 수납이 동시에 가능하다. ⊙ 제작시 현장의 정확한 치수와 시공오차를 고려하다.

1.2.2 가변형 벽체 계획

가변형 벽체 계획시 주택내부의 내력벽 이외의 벽체를 거주자들이 임의로 위치 변경하거나 철거 할 수 있도록 한다. 평면(바닥 선시공 후 벽체 시공)시스템을 세대내 비내력벽 면적의 50% 이상에 적용한다.

1.3 실내소음성능

1.3.1 세대내 소음저감

가. 층간 경계 바닥 충격음 차단성능 수준

① Slab 두께를 210밀리미터로 시공한다.

② 외벽은 도로 등 외부소음을 충분히 차단하도록 배려한다.

③ 탄성 마감재 시공: 모노륨,콜크타일,고무,비닐타일 등이 있다.

나. 층간 경계바닥 충격음

세대 내 바닥 충격음이나 화장실 소음을 저감할 수 있도록 바닥충격음 차단구조로 시공하며 바닥 충격음 차단성능의 등급기준으로 경량충격음과 중량충격음을 2급 이상 받도록 한다. 이는「주택건설기준 등에 관한 규정」 제14조 제3항·4항 및 60조의 제 3항의 규정에 따른다.

2. 친환경 외피성능 강화

외피는 기후의 변화가 심한 외부환경으로부터 실내환경을 보호하는 첫 번째 스크린이라고 할 수 있다. 친환경 외피는 외부환경과 실내환경의 조건이 어떠한 관계에 있느냐에 따라서 서로 소통하게 할 수도 차단하게 할 수도 있으며, 외부 환경조건에 유연하게 대응하여 쾌적하고 건강한 실내환경을 조성하는데 영향을 준다.

2.1. 친환경 외피 시스템

건축물의 외피는 외부에서 실내공간으로의 열, 빛, 공기, 소음의 이동을 결정하는 경계면으로 실내환경의 특징을 결정짓는 주요 건축요소이다. 다양한 환경 친화적 건축물 설계전략과 더불어 실내 환경조절 부하를 최소화 할 수 있는 외피설계는 건물설계에 있어 매우 중요하다. 이를 통해 유지비용의 절감, 쾌적하고 건강한 환경의 제공 및 에너지 소비 감소를 달성하여 환경 친화적인 건축물을 구현할 수 있다. 외피시스템의 설계에 있어 가장 중요하게 고려해야 할 부분은 창호와 벽체의 단열성능을 결정하는 것이다. 자연환기를 위한 충분한 개구부 면적 확보 역시 건물의 에너지 성능에 큰 영향을 주는 중요한 요소이다.

2.2 벽체단열시스템

2.2.1 관련 법규 및 각종기준

가. 관련법규

- 건축법 제66조 [건축물의 에너지 이용과 폐자재 활용]
- 건축법 시행령 제91조 [건축물의 에너지 이용과 폐자재 활용]
- 건축물에는 국토해양부령으로 정하는 기준에 따라 열 손실을 막기 위하여 단열재를 설치하는 등 필요한 조치를 하여야 한다.
- 건축물의 설비기준 등에 관한 규칙 제21조 [건축물의 열손실 방지]
- 건축물의 설비기준 등에 관한 규칙 [별표 4] 지역별 건축물부위의 열관류율표
- 주택건설기준 등에 관한 규정 제64조 [에너지절약형 친환경 주택의 건설기준 등]

나. 각종기준

- 친환경 건축물 인증제도
- 친환경 주택의 건설기준 및 성능
  [별표1]의 친환경 주택의 벽체 단열성능 기준
- 건물 에너지효율등급 인증제도
- 「건축물에너지절약설계기준」 제4조 건축부문의 의무사항
- 「주택성능등급 인정 및 관리기준」 환경관리등급중 에너지성능(열환경)

2.2.2 단열계획

- 건물의 구법이나 공법에 있어서 저에너지화의 기본은 계획부지의 지역성이나 입지조건과 주택의 구조방식에 상응한 단열, 기밀화를 적절하게 계획하여 시공하는 것이다.
- 자연채광과 자연환기를 적용하기에 유리한 평면 깊이가 얕은 건물은 표면적비가 증가하므로 단열기준을 강화하여 외피를 통한 열손실이 보완되어야 한다.
- 건축물 외벽, 천장 및 바닥으로부터의 열손실을 방지하기 위하여 창면적을 줄이거나 외피 단열부위의 열저항을 높여 평균 열관류율을 감소시킨다.
- 외벽 부위를 외단열로 시공한다.
- 외피의 모서리 부분은 열교가 발생하지 않도록 단열재를 연속적으로 설치하고 충분히 단열되도록 한다.

2.2.3 단열시스템의 종류

- 단열은 급격한 외기온도를 최대한 억제하고 실내 온열환경을 쾌적한 상태로 유지하며 열 손실량을 최소화할 수 있다. 건물의 단열시스템은 단열재의 위치에 따라 크게 내단열, 외단열로 나눌 수 있다.

[표 2.1] 단열시스템의 종류

종 류	특 징	비 고
내단열 공법	단열재를 실내 측에 설치하는 공법으로 단열의 불연속 부위가 발생(기둥, 보, 슬래브의 단부 등)하기 쉬우며 내부 결로가 발생할 수 있다. 실을 쾌적한 수준으로 만들기 위해 요구되는 에너지와 반응시간을 줄여주므로 간헐적인 난방을 하는 건물에 적절하지만 열교나 결로 발생의 문제점이 있다.	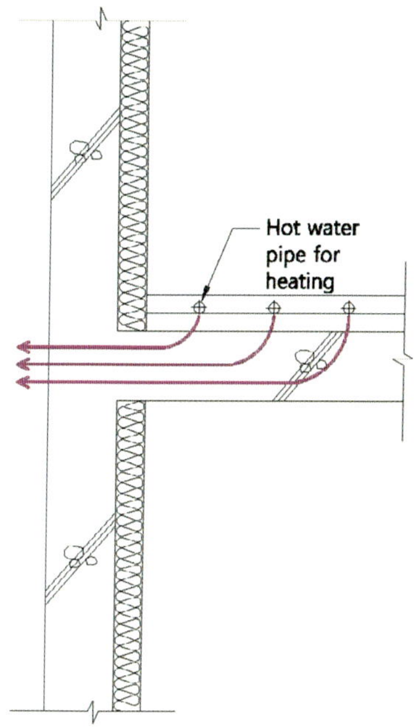
외단열 공법	단열재를 외벽에 직접 설치하여 내수성과 내충격성을 지닌 재료로 시공하는 공법으로 건물 외부를 감싸 단열의 불연속 부위를 방지, 열손실량을 최소화하고 표면 및 내부 결로 발생을 방지한다. 실내 온도변이가 줄어들 수 있지만 실을 냉난방하기 위한 반응 시간이 오래 걸리므로 지속적인 난방이 필요한 건물에 적절하며 외단열 마감 층 부분의 온도변이가 커서 열적 압력을 받는다는 단점이 있다.	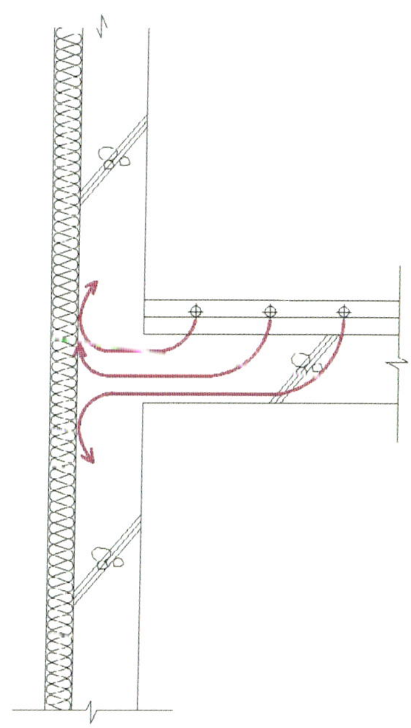

2.2.4 단열계획시 주의사항

- 주택의 단열은 부분적으로만이 아니라 전체적으로 실시하여야 하며, 특히 벽면, 지붕면, 일층 바닥 및 기초부분의 단열성능을 강화해야 한다.
- 단열공법에는 내단열공법과 외단열공법이 있으며 이제까지의 주택의 단열은 시공의 용이함에서 내단열이 주류였지만 이 공법은 열교에 따른 열손실을 막는 것은 간단하지 않다.
- 외단열 공법은 외측에서 단열되기 때문에 실내의 변화가 적고 기밀화의 시공도 쉬우며 실내 결로나 내부 결로를 막기 용이하다.
- 구조체는 외측이 단열재로 쌓이기 때문에 외벽의 마무리 재료의 선택이 한정되나 구조체에 직접일사나 외기온도 변동의 영향을 막을 수 있고, 구조체의 열화를 막는 효과도 있다.

2.2.5 단열재의 선정

- 단열재의 종류: 무기질 섬유계의 유리면이나 암면과 발포 플라스틱계의 우레탄, 폴리에틸렌, 포리스틸렌, 천연섬유계의 목면판, 셀룰로이즈, 화이버등 다양한 종류가 있다.
- 용도, 공법, 성능, 비용에 맞춘 적정한 단열재의 선정과 재질에 따라 각각 적합한 시공방법이 필요하며 시공시와 철거시 인체나 환경에의 영향이 적은 것을 선택하는 것도 중요하다.

2.2.6 외단열 시스템

기존의 아파트들은 대부분 벽체 내부에 단열재를 설치하는 내단열을 채용하고 있으나 내단열 시스템은 외벽과 내벽, 슬래브 등이 만나는 부위에서 단열이 연속되지 못해 열이 손실되는 문제점을 가지고 있다. 이를 해결하기 위한 것이 외단열시스템이며 단열재가 연속하여 건물을 감쌀 수 있도록 벽체의 외부에 단열재를 설치하고 마감을 하는 시스템을 말한다.

가. 외단열 기술의 특징

- 국내 공동주택은 거의 대부분 단열재가 외피의 실내측에 위치하는 내단열로 시공되므로, 벽-슬래브, 벽-벽 접합부 등에서 단열재가 불연속 될 수밖에 없어 필연적으로 매우 많은 열교가 발생한다.
- 열교 발생시 열손실 및 열획득의 증가, 실내측 표면결로 등의 문제가 발생한다. 특히, 국내 공동주택에는 난방용 온수배관이 바닥에 설치되므로 벽-슬래브 접합부 열교부위를 통해 매우 큰 난방에너지 손실이 발생하고 있다.

나. 외단열 기술의 장점

- 외단열은 건물 외피의 실외측에 단열재를 설치하여 열교 발생을 근원적으로 차단함으로써 난방 및 냉방에너지 절약과 실내측 표면결로를 방지할 수 있는 단열시스템이다.
- 국내 공동주택에 외단열 적용 시 열교 발생으로 인한 문제점을 근원적으로 차단할 수 있을 뿐만 아니라, 콘크리트 벽체 등과 같은 축열재가 단열재 내측에 위치하게 되어 난방열 축열에 의한 난방효율 향상이 기대된다는 장점도 있다.

[표 2.2] 벽체단열기준 – 저에너지친환경 공동주택(greenhome plus) 연구적용 열관류율

구 분	벽체 열관류율 성능기준	비 고
2008 법규 수준의 단열성능	0.47 W/㎡K	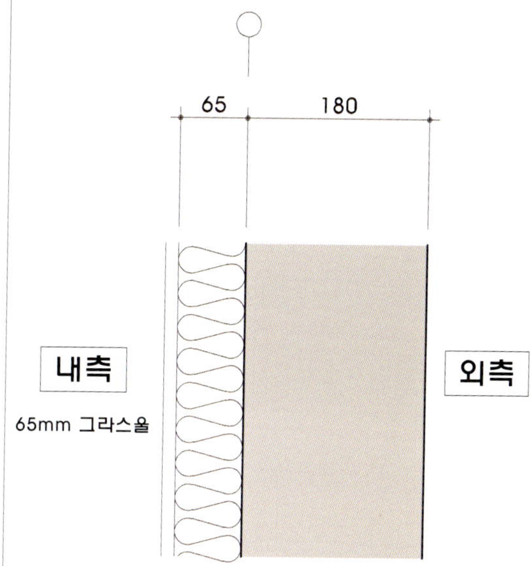
GH-40 (총에너지 40%절감)	0.30 W/㎡K	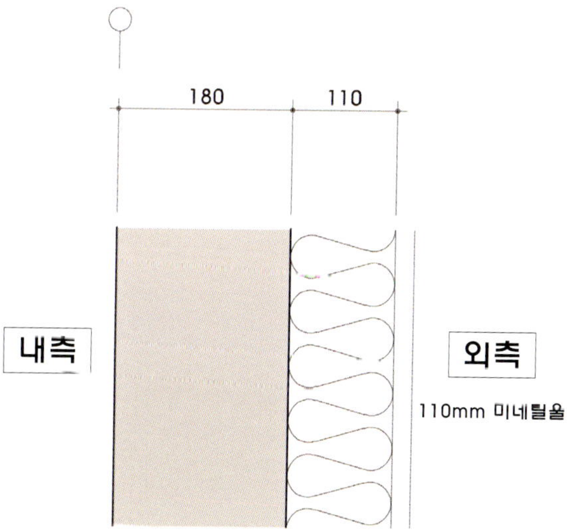

GH+60 (총에너지 60%절감)	0.20 W/㎡K	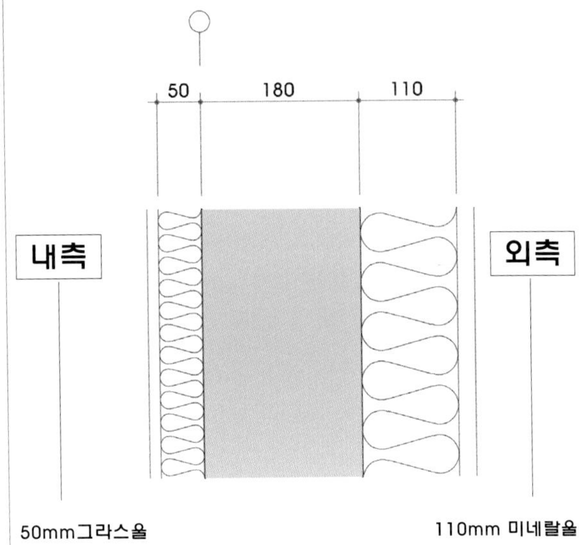
GH+80 (총에너지 80%절감)	0.15 W/㎡K	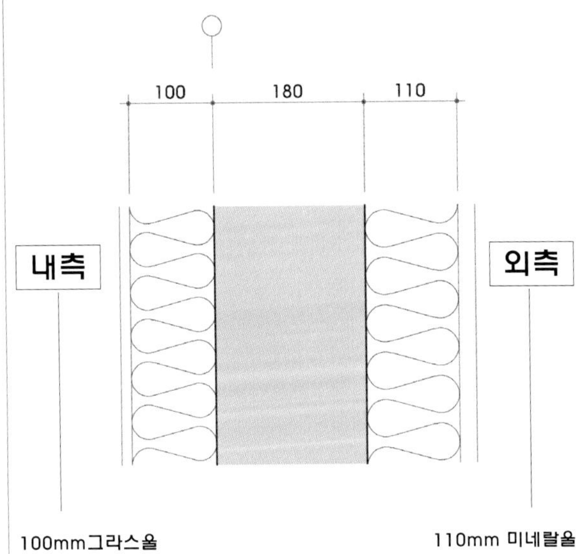

GH+100 (총에너지 100%절감)	0.08 W/㎡K	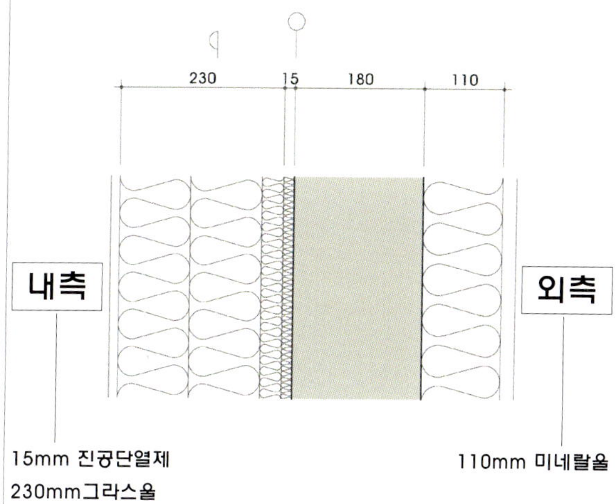

2.3 창호시스템

2.3.1 관련 법규 및 각종기준

가. 관련법규

- 건축법 제49조 [건축물의 피난시설 및 용도제한 등] 중 제②항
- 건축법 제61조 [일조 등의 확보를 위한 건축물의 높이 제한]
- 건축법 시행령 제51조 [거실의 채광 등]
- 건축법 시행령 제86조 [일조 등의 확보를 위한 건축물의 높이 제한]
- 건축물의 피난·방화구조 등의 기준에 관한 규칙 제17조 [채광 및 환기를 위한 창문 등]

나. 각종기준

- 친환경 건축물 인증제도
- 친환경 주택의 건설기준 및 성능
- 건물 에너지효율등급 인증제도
- 「건축물에너지절약설계기준」 제5조 건축부문의 권상사항중 5.
- 「주택성능등급 인정 및 관리기준」 환경관리등급중 일조(빛환경)

2.3.2 자연채광을 고려한 창호계획

가. 창호계획기법

- 건물 내 자연채광은 실내평면의 깊이가 높이의 약 2배 이내의 범위일 경우 유리하다.
- 얕은 평면 깊이의 건물은 깊은 평면 깊이를 가진 건물에 비해 (자연환기와 뿐만 아니라) 자연채광에 유리하다.
- 폭이 좁으며 높이가 높은 창의 경우, 좁고 넓은 형태의 창에 비해 실내에 균일한 자연채광을 분포시킬 수 있다.
- 맨 윗층의 공간이나 모서리에 위치해 있는 공간의 경우, 여러 입면에 창을 위치시키거나 천창을 설치하는 것이 자연채광에 유리하다.
- 창문의 형태나 크기는 방의 깊이, 창문의 향에 따라 좌우된다.

나. 냉난방부하를 감소시키는 창호

- 단열기준이 낮은 건물을 제외하고는 창을 통한 일사획득이 냉난방부하에 미치는 영향은 크다.
- 유리의 열적 특성
  - 일사획득에는 유리하나 단열면에서 취약하다.
  - 열획득을 위해 창면적을 증가시킬수록 창을 통한 열손실도 증가한다.
- 난방부하에 영향을 주는 중요한 변수는 창호시스템의 단열값이다.

2.3.3 창호시스템 설계 및 제품 선택시 고려사항

창호시스템은 일사의 조절 및 환기기능을 통하여 실내 열환경 및 시환경을 최적화할 수 있어야 한다. 일반적으로 창호의 단열성능은 벽체의 단열 성능보다는 7~8배 낮기 때문에 창호의 단열 성능을 향상시키는 것은 공동주택의 난방부하 저감에 있어 매우 중요한 요소이다. 창호 시스템의 특성은 아래와 외부환경 조건 및 건물디자인을 고려하여 결정해야 한다.

한국의 기후 특성	⊙ 한국은 하계에 일사가 많고 더우며, 동계에 낮은 외기 온도를 보이기 때문에 창호시스템은 기본적으로 단열 성능이 우수해야 한다. 그리고 하계에는 일사유입을 적절히 차단하여 냉방부하를 줄이고, 동계에는 일사유입을 최대화하여 난방부하를 줄일 수 있어야 한다.
공동주택의 부하 특성	⊙ 공동주택은 실내 발열이 적어 난방부하가 냉방부하보다 크다. 따라서 난방부하 감소를 위한 창호디자인이 중요하다.
차양 시스템	⊙ 하계 실내로의 일사유입을 억제하기 위하여 실내외부에 차양을 설치하는 것을 고려한다.
소 음	⊙ 소음이 많은 곳은 차음성이 높은 창 또는 이중창호를 고려할 수 있다.

자연환기	⊙ 자연환기를 촉진하기 위해 외부 풍속 및 풍향에 적합한 창호 타입을 선정한다. 고층의 경우 건물 외부로 높은 풍압이 형성되기 때문에 자연 환기를 위해서는 이중외피 시스템이 적합하다.
비 용	⊙ 창호의 비용 및 에너지 성능이 합리적인 창호를 선택한다.

2.3.4 이중창호시스템

창호는 실내환경을 외부환경과 연결시키는 접점으로 창호시스템의 성능과 조절방식에 따라 자연적인 환경조절의 가능성이 커질 수 있다. 창호의 단열 및 기밀성능은 기본적으로 갖추어야 하며 계절에 따라 차양을 효과적으로 운용하고 창문의 개폐방식을 달리하여 일사와 환기를 조절함으로써 냉난방 부하를 최소화시키고 쾌적한 실내환경을 유지할 수 있다.

가. 이중창호시스템의 개요 및 특성

- 이중창호시스템은 두 개의 창호가 결합된 형태로 디자인이 된다. 외부 창은 상하단의 고정창과 중간부분의 개방 가능한 창으로 구성된다.
- 이중창호 시스템은 기존의 한 개의 외피에 다른 한 개의 외피시스템을 더하고 그 사이에의 중공층을 적극적으로 외부공간으로부터 실내를 보호하는 완충공간의 역할을 한다. 기존의 단층창에 비하여 외부의 소음을 차단할 수 있다는 장점이 있다.

나. 이중창호시스템의 구성

- 이중창호시스템은 박스형 이중외피시스템의 특성을 적용한 시스템으로 내,외측 2개의 유리층과 그 사이 중공층으로 구성되어 있다.

[표 2.3] 이중창호시스템의 종류

종 류	특 징
외측유리	중공층과 실외를 구분하는 부분으로서 중공층과 외부의 열 유입 및 열 손실이 가장 활발하게 일어나는 부분이다. 이때 어떠한 외측 유리를 선택하느냐에 따라 실내 및 중공층으로 들어오는 일사량이 달라지고 실내 냉난방부하에 가장 많은 영향을 미치게 된다. 외측 유리의 물성인 흡수율, 투과율, 반사율 등을 고려한 유리의 선택이 무엇보다도 중요하다.
중공층	외측 외피와 내측 외피의 중간에 위치한 공기층으로서 외부와 실내의 환경적 완충공간 역할을 한다. 외부와 내부의 열이동이 이루어지는 중간단계로 적절한 중공층의 계획이 이루어질 때 실내 냉난방부하 저감이 가능하다. 또한 중공층에는 가변형 차양을 설치하여 일사유입을 적절히 조절할 수 있다. 다. 내측 유리: 실내와 중공층의 경계면으로 실내환경에 직접적으로 영향을 미치는 요소이다. 내측 유리 역시 외측 유리와 마찬가지로 일사의 투과, 흡수, 반사를 고려한 선택이 이루어져야 한다. 이와 더불어 내측 외피의 유리는 실내 부하에 직접적인 영향을 미치므로 유리의 관류율을 고려한 설계가 이루어져야 한다.

다. 창호성능기준 – 저에너지친환경 공동주택 연구적용 열관류율

[표 2.4] 창호성능기준 – 저에너지친환경 공동주택(greenhome plus) 연구적용 열관류율

구 분	창호 열관류율 성능기준	비 고
2008 법규 수준의 창호성능	3.0 W/㎡K	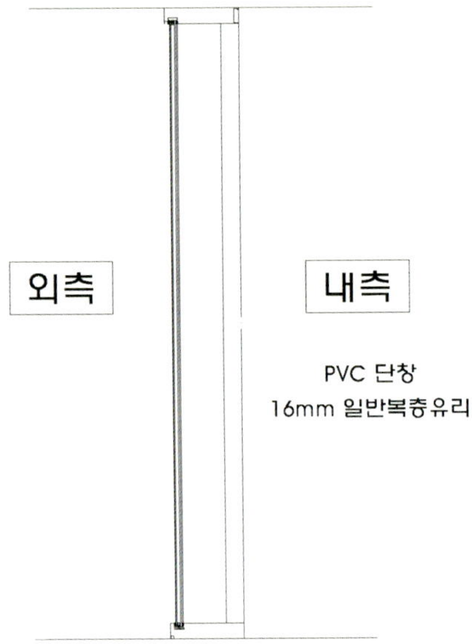
GH+40 (총에너지 40%절감)	2.0 W/㎡K	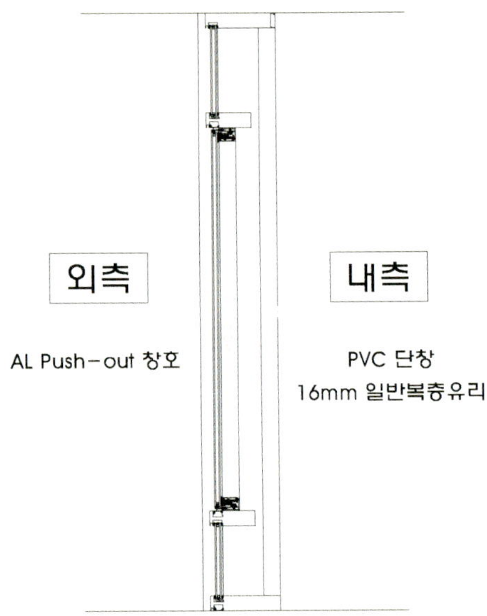

GH+60 (종에너지 60%절감)	1.5 W/㎡K	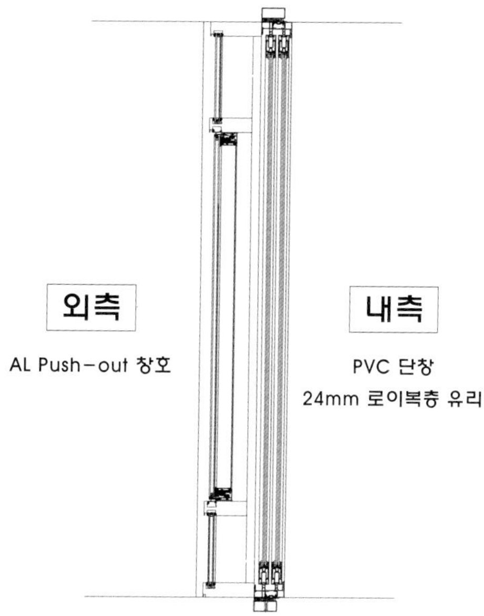
GH+80 (종에너시 80%절감)	1.0 W/㎡K	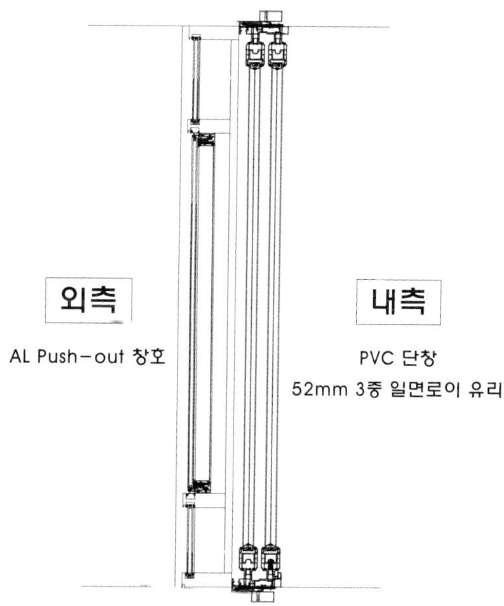

GH+100 (총에너지 100%절감)	0.8 W/㎡K	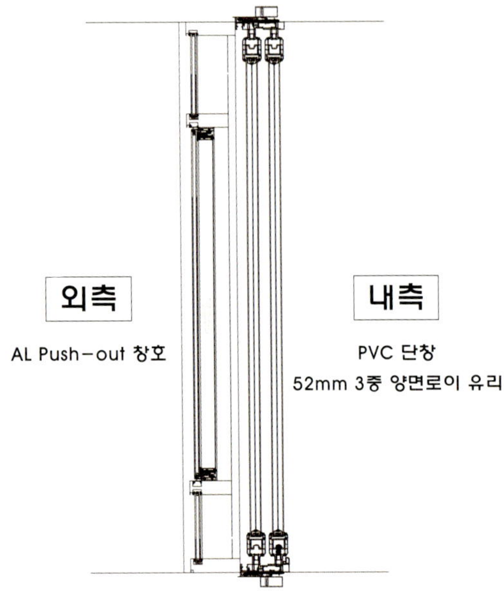

2.4 차양시스템

- 차양시스템의 단면 및 표면 반사율을 조정하여 냉방부하 저감효과를 향상시킬 수 있다. 실내에 냉방부하가 발생하는 시점(태양고도 60°~76°)에는 직달일사의 실내 유입량을 효과적으로 차단하고 동계에는 실내로의 일사유입을 최대화하기 위해서는 가변차양의 적용이 타당하다.
- 차양장치를 설치하여 실내에서 여름철 일사를 차단하고 겨울철 일사를 최대한 확보할 수 있도록 한다. 차양장치는 반사율이 높거나 밝은 색상을 사용하도록 한다. 그리고 자연 채광 및 일사를 고려한 차양계획을 고려한다.

자연채광을 고려한 차양계획	⊙ 차양 장치는 고정차양, 가변차양, 외부차양과 내부차양으로 분류될 수 있다. ⊙ 직달일사는 겨울철의 경우 매력적인 요소로 작용할 수 있지만 직달일사가 작업면에 직접적으로 도달되는 경우 재실자는 불쾌감을 느낄 수 있다.
일사를 고려한 차양계획	⊙ 실내로 통과하는 복사 에너지의 양을 줄이기 위해 설치한다. 복사열이 실 표면에 흡수될 때, 차양에 의해 실내로의 열획득이 감소된다. ⊙ 직접적으로 거주자에게 떨어지는 태양 복사열을 막기 위해 사용한다. 일인당 약 6°C의 유효온도를 증가시킬 수 있다. ⊙ 현휘를 줄일 수 있으며, 직달일사의 침입을 막을 수 있다. ⊙ 외부차양이 내부차양보다 효과적이다.

2.5 기밀성능

2.5.1 기밀화

- 기밀화의 목적은 내부에서 외부로의 누기를 막아 냉난방부하를 절감하는 것과 기계적인 주택의 계획 및 환기의 효과를 보다 확실하게 하는 목적이 있다.
- 공법은 아래와 같고 현장 방습, 기밀시트의 시공이 효과가 높고, 비용도 낮다.

[표 2.5] 기밀성능 방법

구 분	비 고
방습, 기밀시트 (폴리에틸렌 필름 등)을 실내 측에 연속하여 시공하는 방법	
틈을 현장에서 우레탄을 발포시키는 방법	
틈 사이를 코킹처리 하는 방법	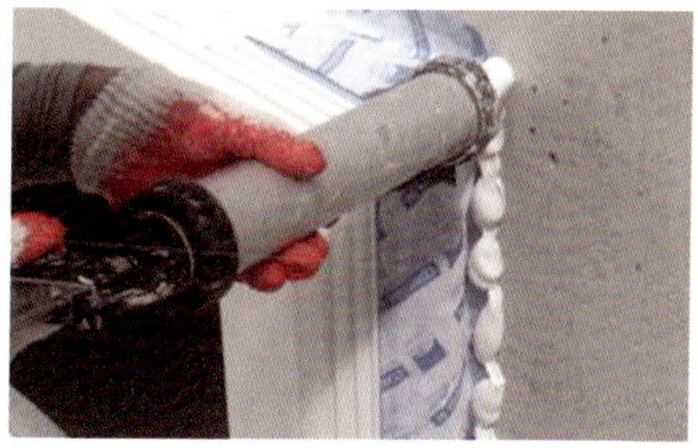

2.5.2 개구부의 고단열, 고기밀화

- 보통 1장의 유리면 개구부에서 겨울철에 빼앗기는 열은 주거 전체 난방 에너지의 약 37%이며 여름철에 유입되는 열은 전체의 약 53%에 달한다
- 주거 전체의 열부하를 절감하기 위해서는 단열성능이 높은 복층 유리나 단열샷시 등을 이용하면 효과가 크다.

  비용면에서 검토를 요하지만 일반적인 단독주택에 있어서 단일창을 2중창으로 하는 것으로 냉난방 부하를 약20% 절감 가능하다고 하며, 치음성능이 높은 것이 큰 장점이다.

2.5.3 기밀성능 확보

- 세대의 기밀성능 확보: 시공 후나 입주 전 건물 타입 별/ 저, 중, 고 / 동 별 대표 세대를 1세대씩 선정하여 기밀성능을 확인한다.
- 외기에 직접 면한 창호의 기밀성능 확보: 창의 기밀성능은 KS F2292 창호의 기밀성 시험방법에 의해 그 성능이 1등급(통기량 2㎥/h㎡미만)을 만족하는 제품을 사용하여야 한다.
- 기밀성능기준 – 저에너지친환경 공동주택(green home plus) 연구적용 기밀성능

구 분	기밀 성능 기준
2008 법규 수준의 기밀 성능	기준없음
GH+40(총에너지 40%절감)	3.0 ACH@50pa
GH+60(총에너지 60%절감)	2.0 ACH@50pa
GH+80(총에너지 80%절감)	1.0 ACH@50pa
GH+100(총에너지 100%절감)	1.0 ACH@50pa

2.6 자연환기기법

2.6.1 자연환기의 원리와 기법

- 자연환기는 건물외피에서의 압력차에 의해 발생한다. 통풍을 위한 개구부는 계획부지의 그 위치나 형상에 따라 결정한다.
- 창은 큰 것이 효과적인 것은 당연하나 이것이 곤란한 경우는 통풍 출구를 입구보다 크게 하는 방법이 통풍률을 높게 한다.
- 보이드, 천창 등, 전통적 주택의 적용 수법을 적용하는 것도 고려해 볼만 하다.

2.6.2 통풍에 효과적인 건물배치 및 실 배치

- 거주환경에 있어서 통풍, 채광은 더 기본적으로 배려해야만 하는 성능이지만 단열 기밀화와 상호 반대되는 개념으로 소홀히 하기 쉽다.
- 토지조건에도 따르지만 중간기나 하기의 열부하를 낮추고 실내공기를 정화하여 가능한 한 설비에 의존하지 않는 에너지 절약과 실내 환경을 실현하는 것에 의해 에너지 절약과 쾌적성의 양립을 추구한다.

2.6.3 자연채광 및 쾌적환기를 위한 세대내 창면적 확보

- 각 실의 창면적을 바닥면적의 10% 이상으로 하여 자연채광을 적극적으로 도입한다.

- 세대 내 맞통풍이 가능한 경우, 해당 실의 바닥면적에 대하여 개방 가능한 창호면적은 5% 이상으로 한다. (남북으로 맞통풍 시 남측 5%, 북측 5%를 각각 만족해야 한다.)
- 공동주택 구조상 맞통풍이 어려운 경우, 각 실의 개방가능 한 창호 면적을 바닥면적의 10% 이상 확보하여 자연환기를 유도한다.
- 환기량 기준 – 저에너지친환경 공동주택(green home plus) 연구적용

구 분	환기량 성능기준
2008 법규 수준의 기밀 성능	0.7ACH
GH+40(총에너지 40%절감)	0.6ACH
GH+60(총에너지 60%절감)	0.5ACH, 전열회수 60%
GH+80(총에너지 80%절감)	0.4ACH, 전열회수 60%
GH+100(총에너지 100%절감)	0.4ACH, 전열회수 65%

3. 친환경 건축자재 사용

기존의 많은 조사와 연구에서 건축물의 마감재에서 방출되는 오염물질이 실내에 거주자들에게 미치는 영향들을 밝혀내고 있다. 주거건물에서는 많은 종류의 자재들이 복합적으로 사용되기 때문에 사용되는 자재가 실내환경에 미치는 영향을 알아내고 대처방법을 연구하며 근본적으로 오염물질 방출이 적은 친환경/건강자재를 사용하는 것이 좋다.

3.1 친환경 건축자재의 사용

3.1.1 친환경 건축자재의 필요성

최근 실내환경의 가장 큰 문제로 대두되고 있는 새집증후군은 실내공간에 적용된 건축자재 등에서 기인한 것으로 적절한 실내 공기질을 확보하기 위하여 다양한 방안이 모색되고 있다 또한 생활수준의 향상과 건강한 주거환경에 대한 관심이 높아지면서, 환경 친화적인 건축자재의 사용이 크게 증대되고 있다. 에너지 및 자원을 절약하고 인체에 무해한 친환경 건축자재를 사용하고자하는 인식이 확산되고 있다. 친환경 건축자재의 사용은 쾌적한 실내환경을 만들고, 환기로 인해 손실되는 에너지를 줄이고 나아가 거주지의 정신적, 육제적 건강을 보호할 수 있다.

3.1.2 국내 환경관련 표시제도

환경관련 표시제도란 환경에 대한 일종의 품질인정 마크를 말한다. 저공해 상품에 붙여줌으로서 소비자들에게는 어떤 것이 저공해상품인지를 알리고 기업에게는 저공해상품기술개발에 앞장서도록 하는 제도이다. 독일, 일본, 캐나다 등 세계 20여개국 이상이 시행하고 있으며 우리나라도 1992년부터 시행중이다.

[표 3.1] 국내 환경관련 표시 종류

종 류	특 징	비 고
환경표지 마크	환경표지제도에 의한 것으로써 제품이 특정 환경 성능을 지닐 때 친환경 제품으로 인증하는 방법을 사용한다. 예를 들어, 제품의 제조나 사용과정 중 에너지가 절감되거나, 재활용된 재료를 사용하여 제품을 제조하였거나, 폐기물 발생이 저감되거나, 수질을 개선하는 등의 환경적 효과가 있는 제품을 친환경제품으로 인정하는 것이다.	
GR 마크	품질이 우수한 재활용품에 부여되는 마크이다. 국내에서 개발·생산된 재활용제품을 철저히 시험·분석·평가한 후 우수제품에 대하여 GR마크를 부여한다. 인증대상품목은 17개 분야 228개 품목으로, 「자원의 절약과 재활용촉진에 관한 법률 시행규칙」 제2조에 규정된 재활용제품 중에서 기술표준원장이 정하여 공고하는 제품이다.	
HB 마크	국내외에서 생산되는 건축자재에 대한 유기화합물(TVOC, HCHO)방출 강도를 한국공기청정협회가 제정한 친환경 건축자재 단체품질인증 규정에 의하여 공인시험기관에서 엄격하고 철저한 품질 인증시험을 한 후 그 결과에 따라 제품에 인증등급을 부여하는 마크이다.	

3.2 친환경 건축자재의 종류

3.2.1 천연 건축재료

[표 3.2] 천연 건축재료 종류

종 류	특 징
목재	⊙ 목재는 재생될 수 있는 건축재료 중에서 가장 비중 있는 재료로 평가 된다. ⊙ 건축재료로써 목재는 인간에게 쾌적함을 주는 긍정적 영향을 미친다. 목재는 특히 자연성과 친근한 색채, 고유의 냄새 때문에 쾌적한 분위기를 창출한다. ⊙ 목재는 사용하기 따라 직접 재활용될 수도 있고, 장작으로 이용되거나 생물학적 처리를 통하여 자연으로 쉽게 되돌아갈 수 있다.
흙	⊙ 흙은 우리 인류와 함께 한 가장 오래된 건축재료 중 하나이다 ⊙ 흙은 습도조절기능이 뛰어나 습할 때 습기를 머금었다가 건조할 때 내뿜는 천연의 습도 조절기능을 가짐으로 실내의 습도를 쾌적하게 유지시켜준다.

흙	⊙ 단열과 축열기능이 뛰어나며 흙의 미립자에는 공극이 많아 통풍이 잘 되며 오염물질 제거 효과가 있어 공기정화 기능을 하며, 토양 미생물과 효소작용에 의해 항균, 방충효과가 탁월하다. ⊙ 건축물을 폐기할 때 자연으로 환원되므로 폐기물 발생이 없다.
스트로베일	⊙ 스트로베일은 자연에서 생산이 가능한 지속가능한 자연재로로서 습도 조절, 탈취, 방음, 단열성능이 우수하다. ⊙ 다양한 형태의 건축물 시공이 가능하며, 재료 채취시 에너지 두입량이 적이 기격이 저렴하고 시공이 간단한 특징을 갖고 있다.

3.2.2 친환경 건축재료

기존의 많은 조사와 연구에서 건축물의 마감재에서 방출되는 오염물질이 실내 거주자들에게 미치는 영향들을 밝혀내고 있다. 주거건물에서는 많은 종류의 자재들이 복합적으로 사용되기 때문에 사용되는 자재가 실내환경에 미치는 영향을 알아내고 대처방법을 연구하며 근본적으로 오염물질 방출이 적은 친환경/건강자재를 사용하는 것이 좋다.

[표 3.3] 친환경 건축재료 종류

종 류	특 징
단열재	⊙ 폴리에스터 섬유를 재생원료로 하여 만든 건축 내장용 흡음 단열재를 사용한다. ⊙ 폴리에스터를 재활용하여 만든 제품으로 자원절약뿐만 아니라 폐기시 재활용이 용이함에 따라 폐기물 발생 저감 효과를 기대할 수 있다.
천연도료	⊙ VOC 함류량이 낮아 작업시 냄새가 순하며 대기환경공해가 적다. ⊙ 크롬, 납등의 중금속이 없고 발암물질인 포름알데히드 free로 친환경적이다.
친환경 벽지	⊙ 휘발성 유해물질이 적게 방출되어 실내공기 오염물질 저감에 기여한다. ⊙ 중금속 함량이 낮아서 마찰에 대한 안전성을 높일 수 있다.
마감재	⊙ 인테리어용 표면 마감재로써 제품 생산시 납화합물 및 카드뮴 화합물을 원료로 사용하지 않는다.

3.2.3 친환경 건축재료의 사용 의의

- 현대의 건축물은 건축물에서 요구되는 에너지 부하를 줄이기 위해 건축물의 외피구조가 점차 고기밀·고단열화로 건축되고 있다. 이러한 경향으로 인해 실내 환기량의 부족과 새로운 실내공기 오염원 발생으로 인하여 실내 공기환경이 크게 오염되고 있다. 검증되지 않은 각종 건축자재의 무분별한 사용과 여러 화학물질을 포함한 실내의 가구류 및 집기류에서 다량 사용으로 실내공기오염을 발생시켜 새집증후군의 원인이 되고 있다.
- 공기의 질은 일반직으로 공기중에 포함된 유해오염물질의 농도에 따라, 실내에 오염물질 농도는 외기공기가 깨끗해 질 경우, 유해오염물질 발생량에 비례하고 환기량에

비례한다. 따라서 실내 공기오염을 저감하기 위해서는 오염물질의 발생량을 억제하거나 환기량을 증가시켜야 한다. 실내 유해 오염물질의 농도 저감을 위해 단순히 외기 도입 환기량만 늘려서 배출하게 되면 건물의 냉난방에너지의 손실등 여러 가지 문제를 일으키게 된다.

- 환경친화제품을 사용하는 것은 자원의 재활용, 에너지 절감, 환경오염의 저감 등을 촉진시킬수 있는 방안으로 제시되고 있다.

3.2. 친환경 건축자재의 적용

건물의 구조체나 실내 마감재 또는 가구에 의해 발생하는 오염물질들이 실내에 축적되어 발생하는 새집증후군과 같은 실내 공기질 문제를 해결하기 위해 오염물질을 적게 방출하거나 또는 실내 오염물질을 흡착, 분해하는 기능을 가진 마감자재들을 적용하는 것이 좋다. 이는 실내 공기질을 개선할뿐만 아니라 환기 부하도 감소시켜 에너지 절감에도 영향을 준다.

3.3.1 친환경 건축자재

주택 내에 사용되는 건축자재는 환경표지(마크) 또는 GR마크를 획득하거나 제품의 환경성능에 대하여 인증을 받은 제품의 사용을 권장한다. 친환경 인증제품의 사용은 자원 재활용, 내재에너지 저감, 환경오염 저감 등의 효과를 얻을 수 있다.

[표 3.4] 국내 환경관련 표시 종류

종 류	적용 및 사용 기준	비 고
환경성능에 대해 인증 받은 건축자재	- 벽체(외벽 제외), 천장, 바닥에 각종 유해물질 저함유 자재를 전 세대에 적용한다. - 최대표면적은 해당부위 표면적의 최소 30%이상 적용한다. - 환경 성능에 대해 인증 받은 건축자재는 다음과 같은 인증 중 1가지 이상을 득한 자재를 말한다.(한국환경산업기술원 인증 건축자재, 환경표지(마크) 또는 GR마크를 획득한 자재, 한국공기청정협회 HB 마크 자재 등 친환경 건축자재임을 증명할 수 있는 자재) - HB 마크는 폼알데하이드를 기준으로 GR마크와 유사 또는 동등 이상의 인증 등급을 선택하도록 한다.(페인트: 우수, 접착제: 최우수) - 오염물질방출 건축자재로 고시된 품목 사용금지 (환경부고시 참조) - 유효자원 재활용을 위한 친환경 제품 9종 이상 사용 한다. - 환경성능에 대해 인증 받은 건축자재는 시방서를 통해 적용여부를 확인 인가 받고, 이행여부는 감리자가 확인하도록 한다.	   

친환경 가구	- 각 세대에 시공시 설치되는 기본적인 가구(싱크대, 붙박이장 등)는 환경성능에 대해 인증 받은 자재 및 완제품으로 한다. - 이는 시방서를 통해 적용여부를 확인 인가 받고, 이행여부는 감리자가 확인하도록 한다.	
기능성 건축자재	- 실내의 습도를 조절 할 수 있는 흡·방습 성능이 있는 기능성 건축자래를 사용한다. - 유해화학물질의 흡착·분해할수 있는 건축자재 사용한다.	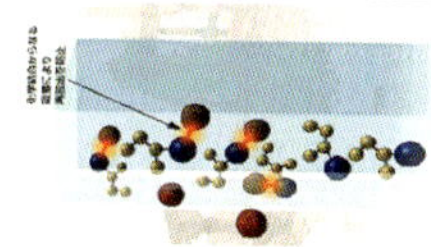

3.4 건축폐기물의 사용 및 재활용 자재 사용

- 건설폐기물의 재활용촉진에 관한 법률 제 38조, 시행령 제 4조 및 5조에 따라 당해 건설공사에 순환골재 및 순환골재를 재활용한 자재를 적극 사용한다.
- 지정부산물 및 공사장 쓰레기 등의 기타 부산물에 대한 재활용비율
- 유효자원 재활용을 위한 친환경인증제품 사용여부
- 재활용 가능자원의 분리수거: 효율적으로 분리할 수 있는 시설이나 가구설비를 계획

3.5 실내공기질 기준충족

3.5.1 실내공기질 기준의 충족

- 실내공기질 기준의 충족하도록 친환경건축자재를 사용하여야 한다.
- 실내공기질 측정은 공정 시험법에 따르며, 시험과정 및 방법(밀폐상태 및 밀폐시간 등)은 감리 등이 관리 감독 할 수 있도록 한다.

3.5.2 실내 공기질 미확보시 조치사항

- 실내공기질 조건을 충족하지 못할 경우 Bake out 또는 Flush out을 실시하며, Flush out 이후 실내공기질 재측정을 수행하여 실내공기질을 만족할 때까지 실시한다.
- Flush out 조건은 최소한 청정건강주택 건설기준(국토해양부고시 제 2010-382호)에 따른다.

6장 설비시스템계획 (System Design)

1. 열원설비

1.1 사전 확인사항

저에너지 친환경 공동주택을 계획함에 있어 가장 우선적으로 고려해야 할 사항이 열원설비의 구성이다. 열원설비는 건축물이 계획되는 지역에 적용되는 법규 및 공급 가능한 에너지원(주변 인프라)에 따라 계획한다.

1.1.1 법규 검토

- 집단에너지 사업법
- 신재생 에너지 보급사업법
- 주택건설기준 등에 관한 규정
- 친환경 주택의 건설기준 및 성능
- 주택성능등급 인정 및 관리기준

이들 법규 중 「집단에너지 사업법」, 「신재생 에너지 보급사업법」, 「친환경 주택의 건설기준 및 성능」 등을 가장 우선적으로 고려하여야 한다.

1.1.2 주변 인프라 조사

지역에 따라 이용 가능한 에너지원이 다르므로 사전에 관공서 및 공급업체와 협하여 진행한다. 전기 공급용량은 한전 해당 지역 또는 집단에너지 공급업체와 협의하고 도시가스는 해당지역 공급업체 문의하며 미공급 지역의 경우 LPG를 대체 연료로 사용하며 규모에 따라 저장탱크, 봄베 등을 계획한다. 시수는 지자체 혹은 상수도 사업부와 협의 하고 지역열원을 사용하고자 할 때는 집단에너지 고시지역 여부를 판단하고 해당 업체와 협의한다.

1.2. 열원 공급방식

[그림 1.1] 열원공급방식 적용 종류

중앙 공급방식

- ⊙ 지역열원: 지역난방, 지역냉방 / – CES(구역형 집단에너지 사업)

개별 공급 방식

- ⊙ 개별보일러, 에어컨(EHP)

신재생 에너지

- ⊙ 태양열 난방 및 태양열 급탕
- ⊙ 지열히트펌프
- ⊙ 태양광 발전
- ⊙ 풍력 발전

1.3 열원설비 종류 및 고려사항

에너지 절감을 위해 지역열원 대상지역인 경우 우선적으로 지역열원 사용을 고려하고 신재생에너지 열원사용을 적극 검토한다. 지역열원 및 신재생에너지 열원설비의 종류는 다음과 같다.

[그림 1.2] 지역열원(집단에너지)

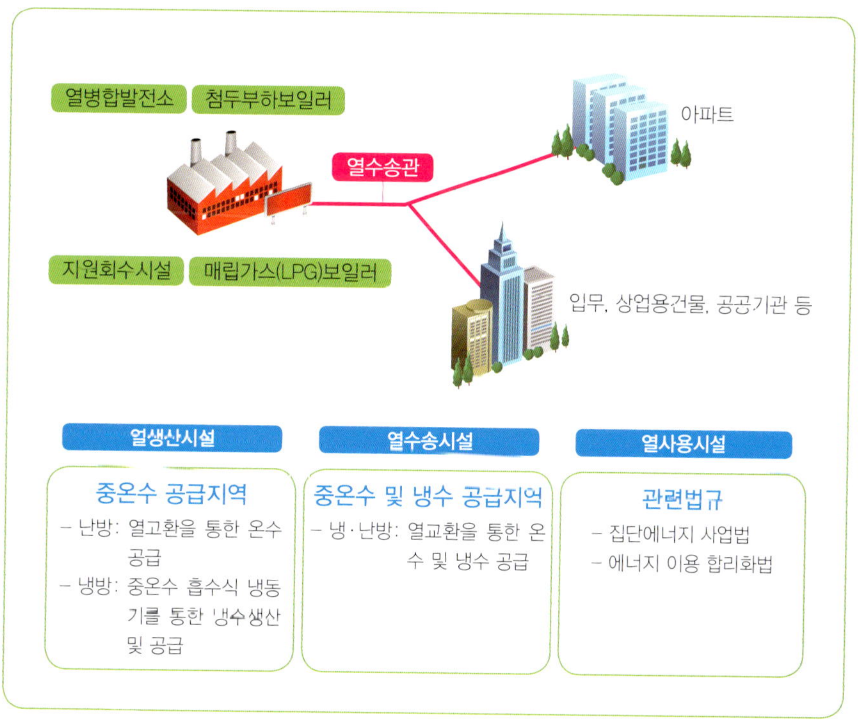

1.3.1 지열히트펌프(지중열 이용)

지열을 이용하는 방식은 히트펌프를 이용하여 열교환하는 방식과 지중열을 그대로 열교환하여 이용하는 방식으로 구분된다. 지중 열교환기는 밀폐형과 개방형으로 구분되며, 밀폐형은 다시 수직형, 수평형, 파일 삽입형 등으로 구분할 수 있으며 대지 여건에 따라 적용한다.

[그림 1.3] 지열히트펌프 열교환 방식

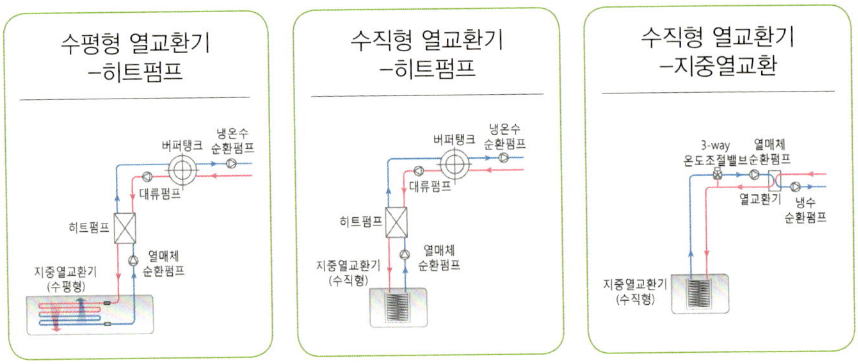

가. 지열히트펌프 시스템: 지중 열교환기와 히트펌프 유닛으로 구성되어 냉난방 기능을 냉매의 흐름을 조절함으로써 하나의 단일 시스템으로 운전한다. 히트펌프 유닛성능에 따라 출구온도 조절 가능(난방:45~55℃, 냉방:7~10℃)하며 시스템 안정을 위해 버퍼탱크 설치를 권장한다.

나. 지중열교환 방식: 히트펌프 없이 지중 열교환을 통해 냉수 공급하고 공급 가능 온도는 대지 여건에 따라 상이함. 22℃(냉방) 이하 공급 가능하다. 지중열교환기 파손시 노폐물 등이 배간 내 유입될 수 있으므로 열교환기 설치하고 복사 냉방용수 공급시 실내 결로방지를 위해 3-way 온도조절 밸브 설치한다.

다. 개방형 회로: 파이프에서 직접 지열이 회수되어 열전달 효과가 높다. 풍부한 양과 양질의 지하수가 있거나 지하수를 개발할 수 있는 지역에 적합하며 환경적 영향에 관한 고려 필요(수질 오염 방지 대책)하다.

라. 폐쇄형 회로: 파이프 내 열매(물 또는 부동액)가 지중열과 열교환하여 냉난방을 공급한다.

[표 1.1] 폐쇄형 회로 종류

종 류	시공 방법
수직형	– 지반 깊이 100~150m 천공하여 열교환기 설치 (지반조건에 따라서 천공 깊이 결정)
수평형	– 지반 깊이 1.2~1.8m 또는 건물 하부 슬라브에 열교환기 매설 (대지 사용 가능 범위에 따라서 설치 넓이 결정)
파일 삽입형	– 건물의 기초파일에 열교환기를 삽입 (일부 업체 특허 보유 방식으로 계획 전 협의 필요)

마. 지열-우수 히트펌프: 지열과 더불어 우수저장조의 우수를 보조열원으로 사용되며 우수조가 일정온도 이하일 경우 열교환기를 거쳐 히트펌프에 열매체를 공급한다.

[그림 1.4] 공급방식 종류 및 특징

냉온수 공급

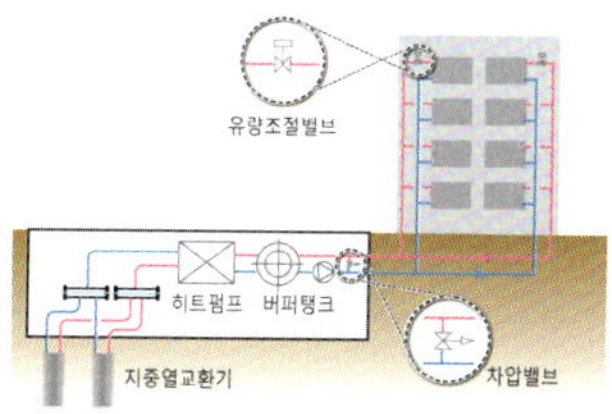

- 기계실에 히트펌프를 설치하여 냉·온수 생산한다.
- 각 세대에 유량조절밸브를 설치, 유량 제어한다.
- 기계실 차압밸브를 설치한다.

열매체 공급(지하수 공급)

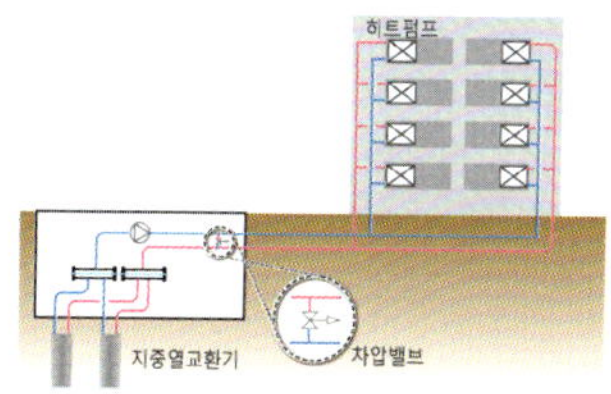

- 지중열교환기에서 생산된 열매체를 각 세대에 공급한다.
- 세대별 소형 지열히트펌프를 설치, 냉온수를 생산한다.
- 기계실 차압밸브를 설치한다.

바. 지열 이용시 주의사항

① 지열(우수) 히트 펌프시스템의 채택, 설계, 공사 시에는 시스템의 수명 한계까지 유용한 지열위 특징을 오랜기간 효과적으로 이용할 수 있도록 고려한다.

② 지중 열교환기 설치 지역의 지반조사 과정에서는 영상 촬영 장치 등을 이용하여 지반조사가 필요하다.

③ 그라우트/토양 혼합층의 현장유효 열전도율을 측정하여 설계에 반영한다.

④ 대상건물의 냉난방부하 계산과 측정결과에 따라 지중 열교환기를 설계한다.

1.3.2 태양열 난방 및 태양열 급탕

가. 태양열 집열기의 종류

[그림 1.5] 태양열 집열기의 종류 및 특징

평판형 집열기

- 저온에서의 집열 효율이 높다.
- 집열온도가 높을수록 집열효율이 저하된다.

진공관형 집열기

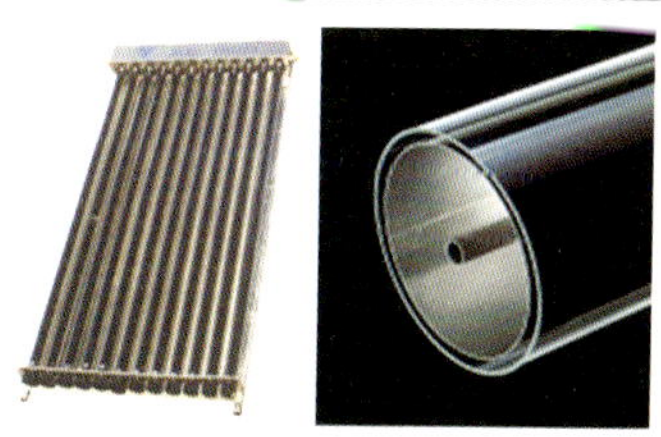

- 대류에 의한 열손실을 방지한다.
- 고온에서의 집열 효율이 높아 난방 및 흡수식 냉방에도 적용 가능하다.

나. 태양열 이용방법

① 태양열 급탕 시스템

- 집열기, 축열조, 열교환기, 열매체 순환펌프, 보조보일러로 구성한다.
- 날씨가 흐리거나 그 밖에 태양열 집열이 여의치 않을 경우 보조 보일러를 이용하여 온수를 공급한다.

② 태양열 난방 시스템

- 고위도 지방일수록 동절기 일사량 부족으로 인한 태양열 시스템 효율 저하로 급탕에 사용하는 것이 효과적이다.

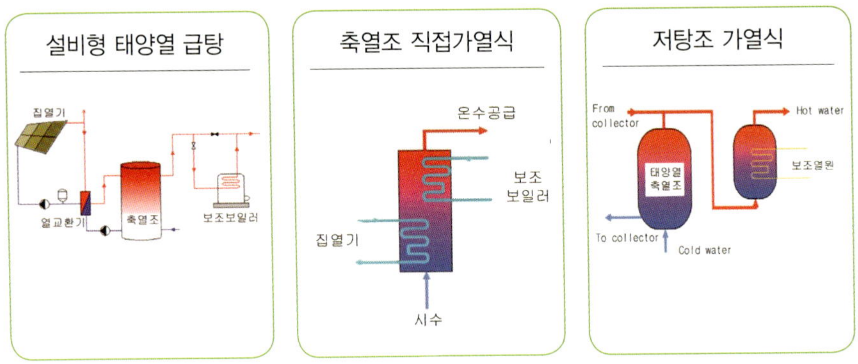

[그림 1.6] 태양열 급탕 시스템

1.3.3 집열판 설치위치 및 주의 사항

설치위치	⊙ 수열량은 주변 건물의 음영에 민감하며, 남향이 가장 높은 효율을 보인다. ⊙ 공동주택의 경우, 발코니 및 지붕, 측벽 등 건축 디자인 요소를 고려하여 설치 계획을 수립한다.
주의사항	⊙ 집열기의 종류는 사용온도 및 집열 온도에 따라 선정한다. ⊙ 과열, 동파 등 안전장치 및 대책 수립이 필요하다. ⊙ 집열판의 방위는 정남향을 원칙으로 하되, 정남을 기준으로 남동 20°, 남서 30°의 범위내로 설치한다. ⊙ 일정 높이 이상의 공동주택 단지의 경우 동배치에 따라 인접건물에 의한 음영을 고려하여 태양열 집열기의 설치위치 및 범위를 제한하는 것이 필요하다.

1.3.4 태양광 발전

가. 태양광 집광판 종류 및 특징

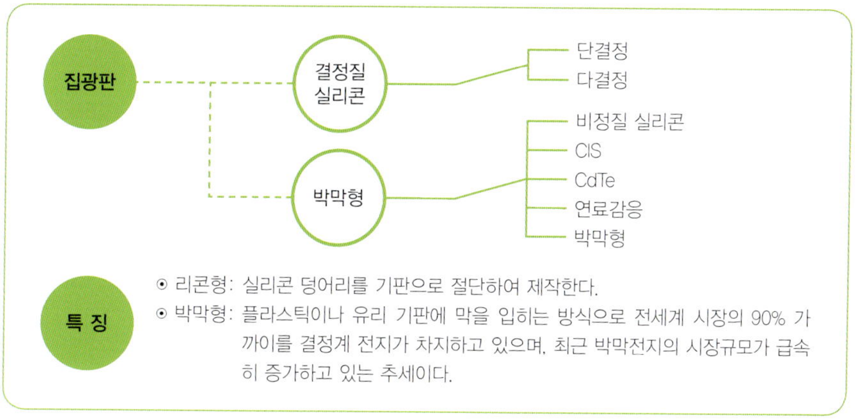

나. 태양광 모듈 설치

- 투여되는 햇빛의 양에 영향을 많이 받기 때문에 주위 건물의 음영에 민감하다.
- 건물 입면 디자인과 건물 간 인동간격을 고려하여 패널 설치한다.
- 결합정도에 따라 완전일체형, 단순거치형 등으로 구별, 건물의 미적인 측면을 살리고자 한다면 단순거치형 보다는 건물의 일부로 기능성을 가질 수 있도록 하는 완전 일체형이 바람직하다.

[그림 1.7] 태양광 모듈 설치 위치

다. 주의사항

- PV모듈에 연중 음영 발생이 최소화 되도록 주동 배치 및 건물형태 계획 초기단계에서 음영분석을 실시하여 설치의 효율성에 무리가 없도록 해야 한다.
- PV 전기생산 효율 향상을 위해 모듈 후면의 환기를 고려할 필요가 있다. 태양열로 인한 PV모듈의 과열은 전기생산 효율을 저하 시킨다.
- 시스템의 배선은 직사광선, 고열, 습기로부터 보호받을 수 있도록 계획한다.

1.3.5 풍력발전

가. 풍력 발전의 종류 및 특징

풍력 발전은 그 종류와 시공방법에 따라 다음과 같이 구분한다.

[표 1.2] 풍력 발전의 종류 및 특징

종 류	시공 방법	운전시스템
수평축 발전기	⊙ 회전축이 지면에 대해 수평으로 설치된 발전기 ⊙ 바람 방향에 영향을 받음(주풍향 설치)	⊙ 평균 풍속 4m/s 이상의 바람 필요 ⊙ 정속회전, 비정속회전 시스템으로 구분되며, 대지 풍속 여건에 따라 적용
수직축 발전기	⊙ 회전축이 지면에 대해 수직으로 설치된 발전기 ⊙ 바람 방향에 관계 없이 발전 가능	

나. 주의사항

- 대상지역의 풍향, 풍속을 고려하여 설치한다.
- 건물의 주동 배치 형태에 따른 바람 패턴을 고려한다.
- 지형상 돌풍 또는 난류발생 지역과 낙뢰발생지역은 회피한다.
- 소음 발생으로 인한 피해가 없도록 고려한다.
- 공동주택의 경우 대형 풍차의 설치가 제한적이므로 소형 풍력 발전 설비를 고려한다.

2. 냉난방설비

2.1 냉난방 설비의 종류 및 특징

냉난방 설비는 크게 대류를 이용하는 방법과 복사를 이용하는 방법으로 구분할 수 있다. 대류를 이용하는 방법은 FCU, 공기조화기, 유인유닛 등 실내공기 혹은 외기를 냉각 또는 가열하여 실내 온도를 조절하는 방법이고, 복사를 이용하는 방법은 바닥 등 구조체에 배관을 매설하여 구조체를 가열 또는 냉각하여 실내 온도를 조절하는 방법이다.

공동주택에는 바닥복사 난방과 에어컨이 주로 보급되어 있지만, 에너지 절감 및 환경부하 저감 등에 대한 관심이 고조되면서 바닥복사 냉방 등 복사열 이용에 관한 연구와 실증 실험이 증가하고 있다.

2.1.1 대류현상을 이용하는 방법

[표 2.1] 대류현상을 이용한 냉난방 설비

종 류	특 징
에어컨	⊙ 냉매가스를 압축기를 이용하여 고압으로 압축하고 냉각하면 고압의 액체 상태가 되는데 이 냉매를 팽창시켜 압력이 낮아지게 하면 온도가 낮아지는 현상이 나타나며 이를 통해 차가운 바람을 생산한다. ⊙ 저온의 공기가 토출되어, 다른 대류방식에 비해 실내온도 제어가 용이하다. ⊙ 실내기 및 실외기 소음 등으로 쾌적성이 저하된다. ⊙ 실외기 발열로 인한 인접세대에 불쾌감 전달이 우려된다.
FCU (Fan Coil Unit)	⊙ 기계실에서 생산된 냉온수를 케이싱 내에서 열교환하고 송풍기를 통해 실내에 공급하여 실내온도를 조절한다. ⊙ 중앙 열원이 공급되어야 적용이 가능하다. ⊙ 유닛별 제어가 가능하여 실내 온도 제어가 용이하다.

2.1.2 복사현상을 이용하는 방법(복사 냉방을 중심으로)

가. 공동주택에서의 복사냉방 시스템 적용방안

[표 2.2] 공동주택의 복사냉방 적용방안

종 류	특 징
바닥 복사냉방	⊙ 바닥 슬라브에 냉수 코일을 매설하여 구조체 축열 현상을 이용한다. ⊙ 바닥 온수 난방 적용시 배관 겸용이 가능하다. ⊙ 구조체에 코일이 매설되어 유지보수가 어렵다.
천장 복사냉방	⊙ 천장 공간에 코일을 설치하여 실내 온도를 조절한다. ⊙ 상부의 고임열을 냉각하여, 실내 온도편차는 감소한다. ⊙ 바닥 온수 난방 적용시 별도 배관 설치한다.
벽체 복사냉방	⊙ 공동주택 측벽에 코일을 설치하여 실내 온도를 조절한다. ⊙ 사용자에 의한 파손이 우려된다.

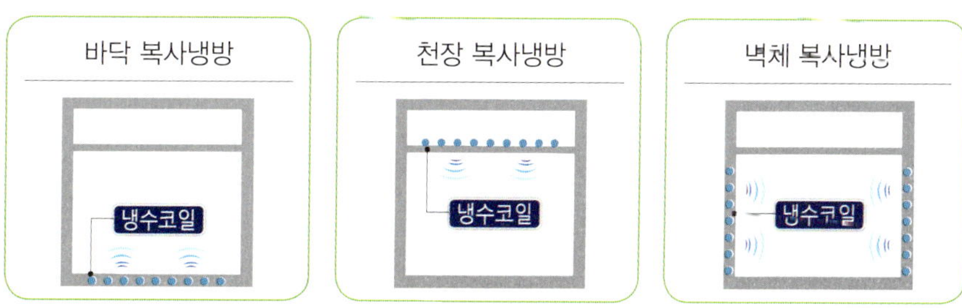

[그림 2.1] 공동주택에서의 복사냉방 시스템 적용방안

나. 적용 가능한 배관 종류

① XL관: 가장 저렴하나 관 피치 시공에 한계가 있으므로 최근 적용하지 않는 추세이다.

② PB관: XL관 대용으로 최근 많이 적용되고 있으며, 시공이 용이하다.

③ 모세관: PP관의 일종으로 내경 2mm 이하의 모세관으로 구성된다.

④ 복사패널: 기성품으로 시공 기간 단축이 가능하다.

[그림 2.2] 복사냉방 시스템 배관

XL관

PB관

모세유관

복사패널

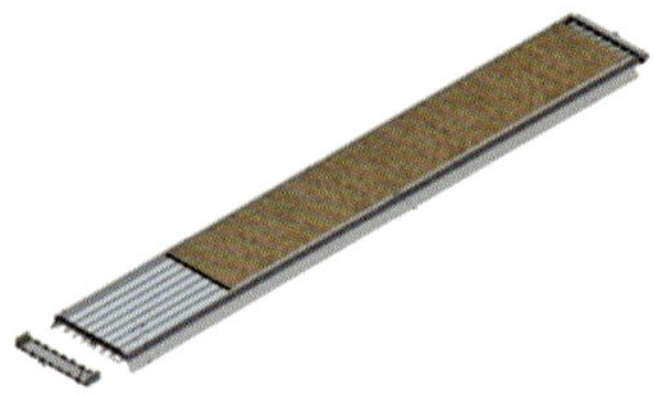

다. 복사냉방 적용시 유의사항

① 배관 간격을 조밀하게 시공하여야 한다.

② XL관, PB관의 경우 배간 간격이 200mm 이하 시공이 어렵다.

③ 모세유관의 경우 배관내 스케일 형성 등에 의해 배관 파손이 우려되므로 별도의 여과 시스템 필요하다.

④ 저온의 냉수가 공급될 경우 결로의 우려가 있으므로 20℃ 이상의 냉수를 공급해야 한다.

⑤ 장마철 실내 상대습도 증가에 의한 결로가 발생되므로 반드시 제습 환기 장치를 설치해야 한다.

3. 환기설비

3.1 법규검토

3.1.1 다중이용시설 등의 실내공기질 관리법

신축 공동주택의 실내공기질을 측정하는 경우 환경오염공정시험기준에 따라 100세대의 경우 3개의 측정장소를, 100세대를 초과하는 경우 3개의 측정장소에 초과하는 100세대마다 1개의 측정장소를 추가하여 실내공기질 측정을 실시하여야 한다.

[표 3.1] 신축 공동주택의 실내 공기질 권고기준

측정항목	권고기준
포름알데히드	210㎍/㎥ 이하
벤젠	30㎍/㎥ 이하
톨루엔	1,000㎍/㎥ 이하
에틸벤젠	360㎍/㎥ 이하
자일렌	700㎍/㎥ 이하
스티렌	300㎍/㎥ 이하

3.1.2 건축물의 설비기준 등에 관한 규칙

가. 자연환기 설치 기준

① 환기량을 조절할 수 있는 체계를 갖추어야 한다.

② 최대개방상태에서 환기량을 기준으로 한국산업표준의 자연환기설비 환기성능 시험방법 (KSF 2921)에서 규정한 평가결과를 이용하여 계산된 설치길이 L값 이상으로 설치하여야 한다.

③ 일정 수준 이상의 공기여과기를 갖추어야 한다.

④ 표면결로 및 콜드드래프트 등을 방지할 수 있는 재료와 구조로 구성한다.

$$L = \frac{V \times N}{Q} \times F$$

L : 실지길이 [m]
V : 실체적 [㎥]
N : 필요환기횟수 [0.7회/h]
F : 세대 및 특성별 가중치
Q : 환기량 [㎥/s]

나. 신축공동주택등의 기계환기설비 설치기준

① 필요환기량은 세대를 시간당 0.7회로 환기할 수 있는 풍량을 확보해야함

② 환기횟수를 만족시킬 수 있도록 24시간 가동할 수 있어야 함

③ 공기흡입구는 일정 수준 이상의 공기여과기를 갖추어야함

다. 기계환기설비 방식

- 제1종 환기방식: 급기팬과 배기팬에 의한 환기방식
- 제2종 환기방식: 급기패과 자연 배기구에 의한 환기방식
- 제3종 환기방식: 배기팬과 자연 급기구에 의한 환기방식

[그림 3.1] 기계환기 설비방식

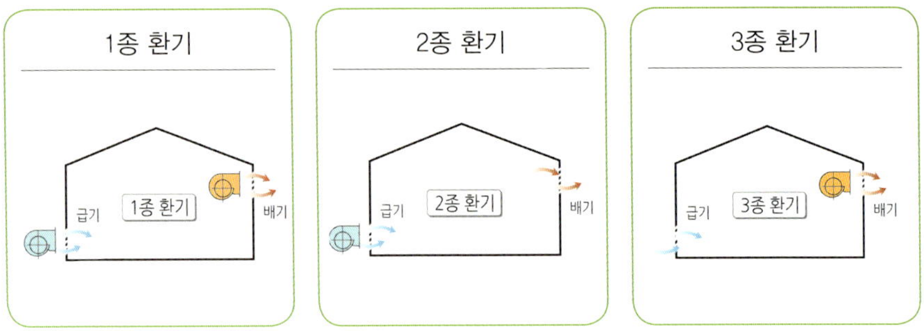

3.2 창호 면적 기준

- 세대내 맞통풍이 가능한 경우개방가능한 창호 면적은 해당실 바닥면적의 5% 이상으로 한다. (남북으로 맞통풍시 남측 5%, 북측 5% 이상을 각각 만족해야 한다.)
- 공동주택 구조상 맞통풍이 어려운 경우 각 실의 개방 가능한 창호 면적을 바닥면적의 10% 이상을 확보하여 실내 환기량의 증가를 유도한다.

3.3 하이브리드 환기시스템

- 창문을 통한 자연환기와 기계환기를 연동하여 제어할 수 있도록 한다.

3.4 열회수형 환기장치 설치

- 에너지 절약 설계기준 및 법적 기준에 의거하여 80% 이상 효율의 열회수형 환기장치를 설치한다.
- 기본 환기량은 법적 기준인 시간당 0.7회를 만족시키며, 운영중 최소 시간당 0.5회의 환기량 적용이 가능하도록 한다.

3.5 환기시스템

[표 3.2] 환기시스템의 종류와 특징

시스템	개념도 / 특 징
독립폐열회수 환기시스템	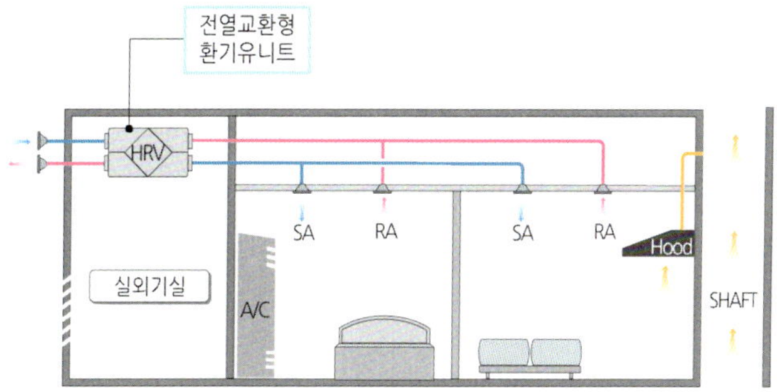 ⊙ 폐열회수 환기유니트+국소환기장치 ⊙ 급배기덕트 교차를 위한 충분한 천장공간이 필요하다. ⊙ 실내외 에어밸런스를 위한 환기유니트와 국소환기장치의 연동 운전이 가능하다.
냉방복합 환기시스템	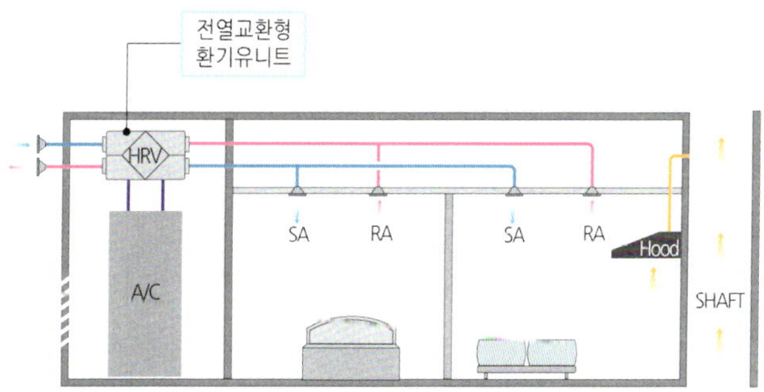 ⊙ 냉난방 히트펌프(또는 냉동기)+폐열회수 환기유닛 통합+국소환기장치 ⊙ 급배기 덕트를 통해 외기 및 냉난방을 공급한다. ⊙ 딕드 그기의 증대로 인한 층고가 증가한다. ⊙ 별도의 냉난방기가 필요하지 않다. ⊙ 적용된 예는 많지 않으나 현재 실용화를 위한 연구가 진행중이다.

<table>
<tr><td rowspan="2">배기플레넘
환기시스템</td><td>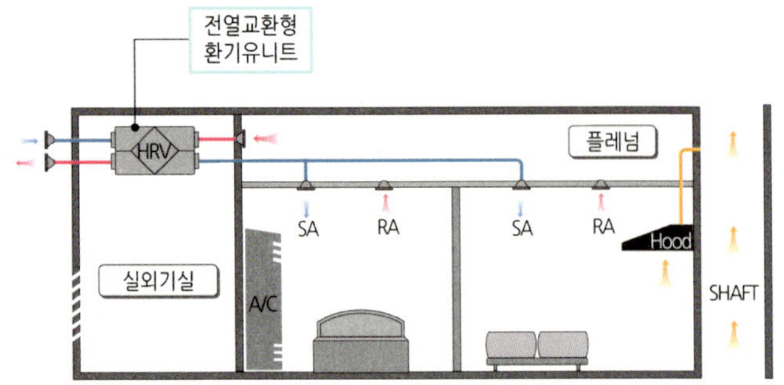

⊙ 폐열회수 환기유닛+무덕트배기 +국소환기장치
⊙ 천장공간이 단순해지고 층고가 감소한다.
⊙ 환기유닛을 통한 배기열 회수를 통한 겨울철 콜드드래프트를 방지한다.</td></tr>
<tr><td>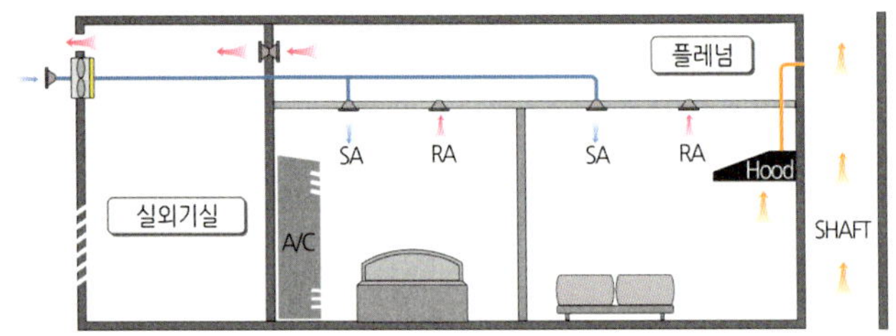

⊙ 급기팬(보조히터)+무덕트배기 +국소환기장치
⊙ 천장공간이 단순해지고 층고가 감소한다.
⊙ 급기팬과 보조히터를 설치하여 겨울철 콜드드래프트를 방지한다.</td></tr>
<tr><td>국소배기력활용
하이브리드
환기시스템</td><td>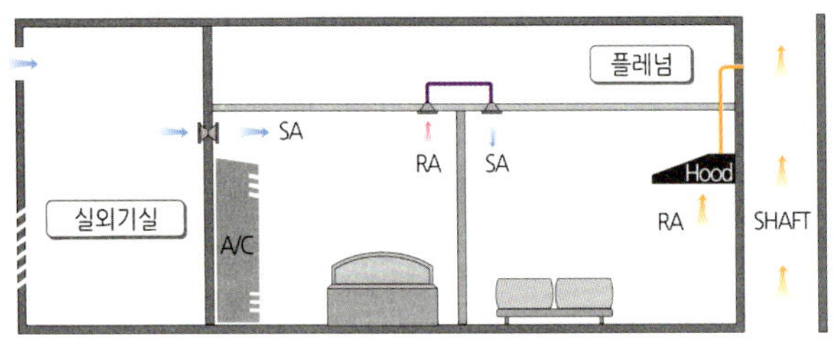

⊙ 자연급기+국소환기장치
⊙ 주방 및 욕실배기의 흡입력을 이용하여 자연환기를 유도하는 방식이다.
⊙ 실간 또는 외벽체의 인터벤트 및 외기도입구가 필요하다.
⊙ 별도의 동력이 필요하지 않고 설치도 간단하다.</td></tr>
</table>

4. 위생설비

4.1 절수형 위생기구

절수형 수도설비를 설치하여 물 사용량을 줄인다.

[표 4.1] 수형 위생기구

절수설비	종 류	기 준
수 전	샤워용	공급수압 98kPa에서 최대토수유량이 1분당 9.5리터 이하이다.
	샤워·욕조용	공급수압 98kPa에서 최대토수유량이 1분당 9.5리터 이하이다.
	세면용	공급수압 98kPa에서 최대토수유량이 1분당 7.5리터 이하이다.
	세면·샤워용	1) 토수구 방향: 공급수압 98kPa에서 최대토수유량이 1분당 7.5리터 이하이다. 2) 샤워헤드 방향: 공급수압 98kPa에서 최대토수유량이 1분당 9.5리터 이하이다.
	주방용	공급수압 98kPa에서 최대토수유량이 1분당 9.0리터 이하이다.
변 기	로탱크형 대변기	1) 따로 소변기를 설치한 경우에는 최대사용수량이 9리터 이하이다. 2) 따로 소변기를 설치하지 아니한 경우에는 다음 기준에 적합한 것이다. – 최대사용수량이 6리터 이하인 것이다. 다만, 대·소변을 구분하여 수세핸들을 작동하는 변기는 제외하며, 일체형 변기의 경우에는 2003년 9월 28일까지는 9리터 이하인 것을 설치할 수 있다. – 대·소변을 구분하여 수세핸들을 작동하는 변기는 대변용으로 작동하였을 때의 최대사용수량이 9리터 이하이며, 소변용으로 작동하였을 대의 사용수량이 대변용 사용수량의 70% 이하인 것이다.
	세척밸브 부착형 대변기	1) 따로 소변기를 설치한 경우에는 수세핸들을 1초 동안 작동하였을 때 사용수량이 15리터 이하이다. 2) 따로 소변기를 설치하지 아니한 경우에는 다음 기준에 맞는 것이다. – 수세핸들을 1초 동안 작동하였을 때 사용수량이 9리터 이하이다. 다만, 대·소변을 구분하여 수세핸들을 작동하는 변기는 제외한다. – 대·소변을 구분하여 수세핸들을 작동하는 변기는 1초 동안 작동하였을 때 사용수량이 대변용 15리터 이하, 소변용 9리디 이하인 것이다.
	소변기	물을 사용하지 아니하거나 1회사용수량이 4리디 이하인 것이다.

4.2 빗물이용시설

건물의 옥상이나 지표면에 내린 빗물을 저장하여 세대의 생활용수 및 단지 내 관개용수로 사용하여 상수도의 사용을 줄인다.

빗물이용시설의 설계(김원 등, 「친환경 건축설계 가이드북」, 발언, 2009.12)

– 빗물을 활용함에 있어서 빗물의 수질과 함께 어느 정도의 빗물을 확보하여 공급할 수 있는지 수량을 파악하는 것이 중요하다. 먼저 강우특성, 집수면 면적 및 빗물수요량을 파악

하고, 빗물저장조의 용량을 변화시켜가면서 빗물공급가능량 및 이용효율 모의를 위한 물수지 모델을 이용하여 공급가능량을 모의한 후 빗물공급 목표에 맞는 저장조 용량을 결정한다.

– 저장조 설계에 있어 일반적으로 유출량과 유입량, 저류량간의 물수지(water balance)를 기초로 저장조 운영을 모의하고 이를 바탕으로 용량을 설계한다. 이를 위해서는 저장조를 중심으로 우수재활용시설 내 물 흐름에 대한 분석이 필요하다.

[그림 4.1] 빗물이용시설

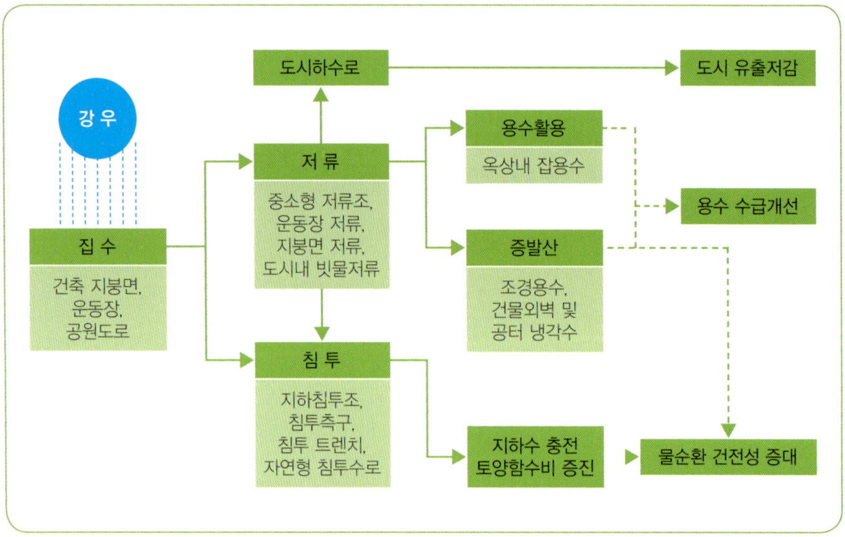

4.3 중수재활용 설비

건물 내 수자원의 효율적인 이용을 위해 샤워용수, 세면용수, 세탁용수 등 오염도가 낮은 하수(Grey water)를 정화하여 세대의 생활용수로 사용한다.

[그림 4.2] 중수재활용 설비

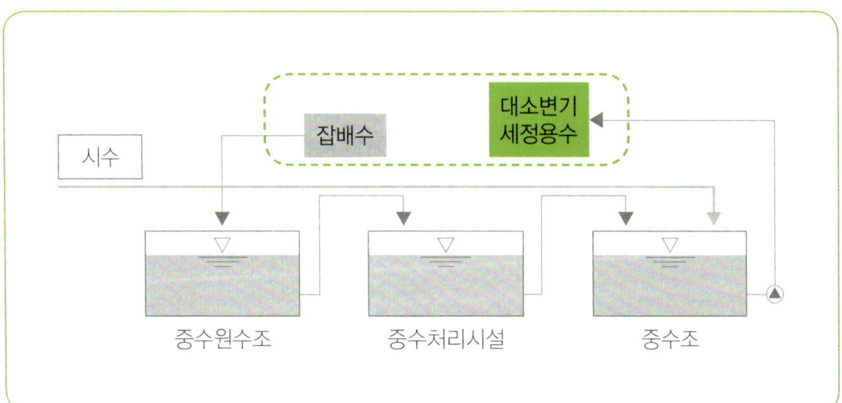

4.3.1 기본계획

중수도를 설계하는 경우에 기본적 요건에 입각하여 검토해야할 항목은 중수 용도, 중수 이용량, 용도별 목표수질, 순환이용시스템 등으로 아래의 항목을 충분히 검토하여야 한다.

[표 4.2] 중수재활용 설비설계 검토항목

구 분	기 준
공급용도	수세식 변소용수, 냉각용수, 청소용수, 세차용수
계획급수량	급수대상시설의 총수요를 충족시킬 수 있는 것으로 산정하되, 1일 최대 급수량을 구하고 시간별 평균 급수량도 산정한다.
용수처리방법	원수의 수질, 수량, 용도별 수질기준 및 관리방식 등을 고려하여 효율적인 공정을 선정해야 한다.
유지관리방식	운전관리, 수질관리, 안전관리를 비전문가가 조작할 수 있도록 조작이 간편하고 고장이 적게 해야 한다.
수질목표	용도에 적합한 수질기준을 설정한다.
송·배수방식	합리적이며, 경제적인 방식과 재질을 선정한다.

5. 조명설비

5.1 조도기준

조명설비는 한국공업규격 조도기준(KS A 3011-1993)에 적합하게 설치한다. 국부(작업면) 조명을 사용하는 경우 전반조명의 조도는 국부조명의 10% 이상인 것이 바람직하다. 또한 인접한 공간의 조도차가 현저하지 않도록 한다.

[표 5.1] 조도 분류와 일반 활동 유형에 따른 조도값

활동유형	조도 분류	조도 범위[lx]	작업면 조명 방법
어두운 분위기 중의 시식별 작업장	A	3-4-6	전반 조명
어두운 분위기의 이용이 빈번하지 않는 장소	B	6-10-15	
어두운 분위기의 공공장소	C	15-20-30	
잠시 동안의 단순 작업장	D	30-40-60	
시작업이 빈번하지 않은 작업장	E	60-100-150	
고휘도 대비 혹은 큰 물체 대상의 시작업 수행	F	150-200-300	작업면 조명
일반 휘도 대비 혹은 작은 물체 대상의 시작업 수행	G	300-400-600	
저휘도 대비 혹은 매우 작은 물체 대상의 시작업 수행	H	600-1000-1500	

[표 5.2] 주택 조도기준

주 택					
장소 / 활동		조도 분류	장소 / 활동		조도 분류
가사실 작업실	공 작	G	응접실	소파, 장식선반, 테이블	F
	바느질, 수예, 재봉	H		전 반	D
	세 탁	F	정 원	방 범	A
	전 반	E		식사, 파티	E
객 실	앉아 쓰는 책상	F		테라스전반	D
	전 반	D		통 로	B
거 실	단란, 오락	F	주 방	식탁, 조리대	G
	독서, 전화, 화장	G		싱크대	F
	수예,재봉	H		전 반	E
	전 반	D	차 고	전 반	D
계단, 복도	심 야	A		점검, 청소	G
	전 반	D	침 실	독서, 화장	G
공부방	공부, 독서	H		심 야	A
	놀 이	F		전 반	C
	전 반	E	현관(안쪽)	거 울	G
벽 장		D		신발장, 장식대	F
서재	공부, 독서	H		전 반	E
	전 반	E	현관(바깥쪽)	문패, 우편접수, 초인종	D
욕실, 화장실		E		방 범	A
				통 로	B

5.2 자연채광 적용 기준

- 직달일사에 의한 냉방부하를 줄이고 실내 안쪽까지 확산된 채광을 전달하도록 블라인드 및 광선반의 설치를 고려한다.
- 지하주차장 등 자연광의 직접적인 유입이 어려운 공간에는 광덕트, 반사거울 등의 채광 시스템을 이용한 자연채광의 도입을 고려한다.
- 반사광의 효율을 높이기 위해 반사율이 높은 마감재를 고려해야 한다.

- 설계단계에서 시뮬레이션을 통해 적절한 조도 확보와 눈부심 방지 여부를 분석한 후 설치한다.

[그림 5.1] 광선반

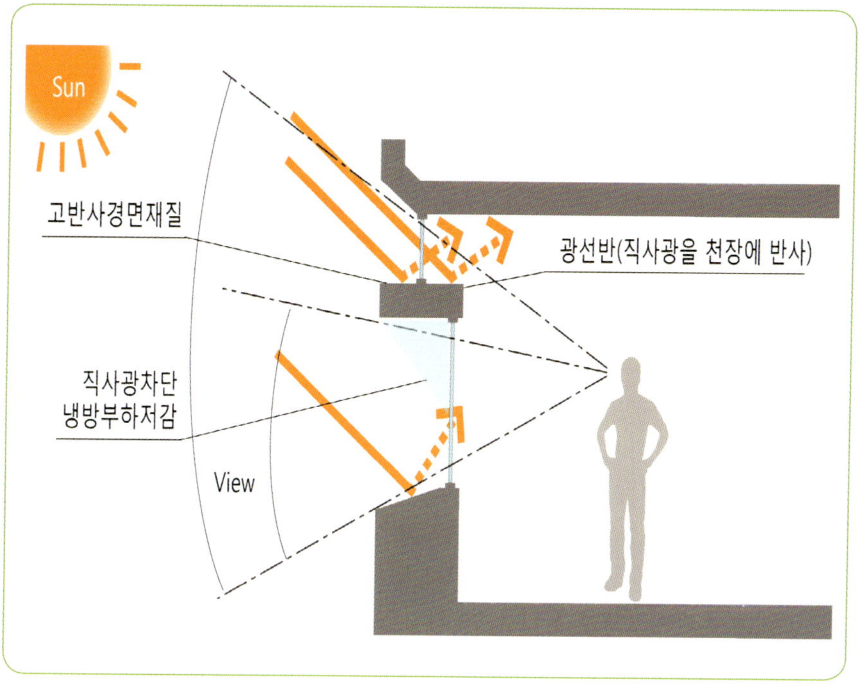

5.3 전기조명 적용 기준

- 실내 빛환경의 쾌적성을 유지하기 위하여 기준 조도를 확보하고 눈부심을 방지하도록 설계한다.
- 조명설계 후 설치 전에 조명의 양과 질, 에너지 비용과 운영비를 예측하여 최적화된 시스템을 설치한다.
- 국부조명을 적극 활용하고 조명기구의 설치높이를 낮춘다.
- 백열전구 및 할로겐램프의 설치를 배제하고 고효율 전등 및 조명기구를 사용해야 한다.
- 조명조닝 및 조명제어를 통한 조명에너지 설약을 고려해야 한다.
- 상설 보조조명방식을 적용해야 한다.
- 공용부의 보안등, 경관등 또는 지하주차장 조명등은 고효율 조명으로 설치한다.
- 각 세대의 현관, 계단실 등의 조명등은 고효율조명기기 중 인체감지 조명기구를 사용하거나 점등 후 3분 이내에 자동으로 소등될 수 있는 조명기구를 사용하여야 한다.

6. 전기설비

6.1 대기전력 차단

거실, 침실, 주방 등 각 실의 일반 콘센트를 에너지관리공단에서 인증한 "대기전력 저감 우수제품"으로 80% 이상 설치한다. 그리고 도어폰·홈게이트웨이는 에너지관리공단에서 인증한 "대기전력 저감 우수제품"을 사용한다.

[그림 6.1] 대기전력 현황

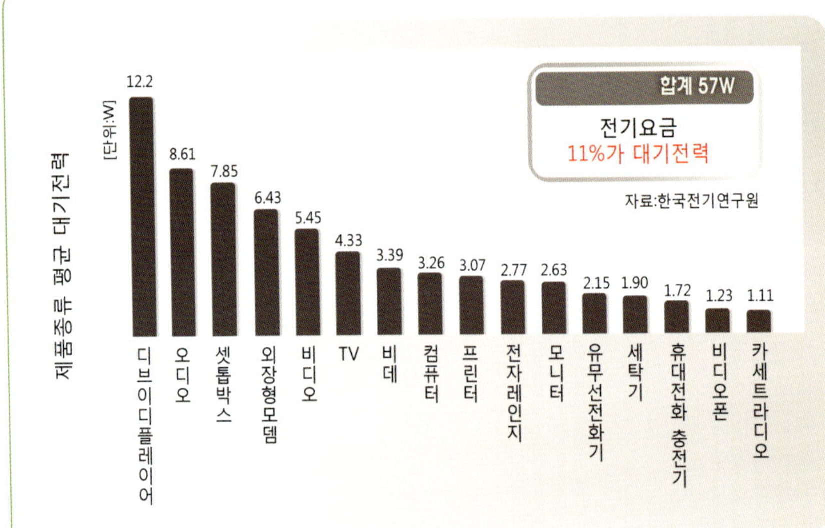

6.2 고효율기자재인증 제품 사용

가정용보일러, 변압기, 전동기기(단, 0.7kW 이하 전동기, 소방 및 제연송풍기용 전동기는 제외)는 지식경제부 고시 「고효율에너지기자재 보급촉진에 관한 규정」에 의거 고효율에너지기자재로 인증받은 제품을 사용하여야 한다. 난방, 급탕 및 급수펌프는 그 평균 효율이 KS 규격에서 정해진 기준 효율의 1.12배 이상의 제품을 사용하여야 한다.

참고문헌

1. 한설그린부설조경생태디자인 연구소(2006), 입체녹화에 의한 환경공생.
2. 한설그린부설조경생태디자인 연구소(2006) 도시생태계 복원을 위한 기술개발 보고서.
3. 건설교통부-환경부, 친환경 건축물 인증제도 세부시행지침, 건축시대, 2005
4. 이송현, 황연숙(2006), 친환경 인증아파트의 실외공간에 적용된 친환경 계획요소 사례연구,
5. 저에너지친환경공동주택연구단, 저에너지친환경공동주택 핵심기술, 기문당, 2010
6. 신성우, 이승복외 (2007), 친환경건축물 성능평가와 설계기술, 기문당,
7. 서울특별시/한국건설기술연구원(2008), 옥상녹화시스템 설계지침 및 관련도서 작성지침, 서울특별시/한국건설기술연구원/(사)한국인공지반녹화협회
8. 국토해양부(2008),조경설계기준
9. SH공사(2005) 친환경주거메뉴얼VI
10. NIGEL DUNNETT 한설그린부설조경생태디자인 연구소 편역 (2010), 레인가든 Rain Garden
11. 이윤하외, 친환경건축설계가이드북, 발언, 2009
12. 공간그룹, 이에이엔테크놀로지, 친환경건축디자인가이드라인, 2006
13. 국토해양부, 주택성능등급 인정 및 관리기준, 2009
14. 국토해양부, 친환경 주택의 건설기준 및 성능,2010
15. M. David Egan, Architectural Lighting, McGraw-Hill, 2002
16. 한국표준협회, 한국공업규격 KS A 3011(조도기준), 1993
17. CMHC-SCHL(캐나다 주택공사), '지속가능한 통합디자인 프로세스(Integrated Design Process for Sustainability)', 2011
18. Jerry Yudelson, Green building through integrated design, 2009
19. 황석호, 김수현, 이승복, 환경친화적 건축디자인 프로세스에 관한 연구, 2001
20. 이승복, 생태학적 접근방법을 이용한 디자인 프로세스, 2002
21. 유럽 건축가 협회(Architect's Council of Europe), Green Design Process, 1994

PART 3

저에너지 친환경 공동주택 설계가이드 체크리스트

저에너지 친환경 공동주택 통합설계팀(2-1세부)
연세대학교, (주)공간종합건축사사무소, (주)한일MEC, (주)한설그린

7장 외부환경 계획 (Site Design)

구 분	1	내 용	관련 요소기술[1]
자연자원활용	외부 공간 조성	⊙ 산림 등 원형녹지 보전을 통한 생태환경 보전계획을 수립한다. ⊙ 보전해야할 원형녹지는 산림 및 녹지생태부문, 수생태부문, 지형부문으로 구분하여 추출한다. ⊙ 표토는 생물서식처 및 수목생육에 매우 중요한 요소로서 보전 또는 재활용 권장한다.	
생태면적률		⊙ 생태면적률은 단지의 특성과 여건에 따라 건물의 옥상, 지붕, 지하주차장 상부이나 벽면을 녹화하고 투수포장재를 사용하여 생태면적률 40% 이상으로 계획한다.(환경부 기준) ⊙ 단지의 조성목적에 따라 생태면적률 가중치를 높게설정하여 계획단계에서 생태적 단지조성을 최대한 고려한다.	4장
단지내외 녹지연계 및 생태벨트 조성		⊙ 녹지연결 및 체계화를 위한 단지 내·외부의 사전조사를 통하여 녹지축의 적정폭, 지형변동정도, 녹지의가치정도(녹지자연도, 생태자연도) 등을 파악한다. ⊙ 지역 생태계 안정성을 고려한 그린네트워크 계획한다.	
생물서식공간 조성		⊙ 비오톱은 동식물이 서식할 수 있는 공간으로 단지내 비오톱 구성요소로서는 숲, 초화원, 생태연못, 저류지, 실개천, 습지, 토양, 인공지반을 활용한 비오톱 등이 있다. ⊙ 각 요소들의 설계시 목표 동·식물의 서식 및 이동환경을 고려하여 계획한다.	

1) 관련요소기술: "저에너지 친환경 공동주택 그린홈 플러스 요소기술" 참조

외부공간식재	외부 공간 조성	⊙ 수목의 생태적 특성을 최대한 고려한다. ⊙ 수목의 차양, 증발산 및 방풍의 기능을 활용하여 주택의 냉난방에너지 소비와 비용을 절약하도록 계획한다. ⊙ 수직적 다양성의 창출은 대기오염 완화, 생물다양성 유지 등 녹지의 기타 환경생태적 기능을 증가시킬 수 있으므로 다층구조의 식생경관을 조성한다. ⊙ GHG(Green House Gas)온실가스를 빨아들이는 수종을 선택한다.	

구 분	2	내 용	관련 요소기술
옥상녹화	인공 지반 녹화	⊙ 옥상녹화는 토심에 따라 중량형, 경량형, 혼합형으로 구분하며 조성목적과 사후관리 방법, 건축물의 내하중성을 고려하여 조성방법을 선택한다. ⊙ 조성전에 옥상면의 방수, 방근에 대한 대책을 충분히 검토하여야 한다. ⊙ 빗물을 활용한 관리시스템을 우선 고려한다.	2장
경사지붕녹화		⊙ 경사지붕의 경우 풍압 및 강우, 일사 등의 기상조건이 일반적인 평지붕보다 열악한 상황일 경우가 있다. ⊙ 고층건물 옥상부에서 발생 가능한 풍압에 의한 녹화토양 및 식물의 비산의 방지할 수 있는 시설설치를 고려한다. ⊙ 저수기능 강화와 방근성능 일체화를 위한 유닛형상의 패널방식을 사용권장한다.	
벽면녹화		⊙ 조성하고자 하는 옹벽, 방음벽, 건축물 벽면등 소재 및 현황을 파악하여 녹화방법을 달리한다. ⊙ 벽면녹화의 유형으로는 자립등반형, 식물생육보조재사용형(메쉬 또는 와이어), 벽면 내림형, 플랜터설치형, 식재기반형(패널형) 등이 있다. ⊙ 조성방법에 따라 유지관리를 위해 선정, 시비, 관수 등을 계획수립한다.	
기타 인공지반녹화 (슬라브 상부녹화)		⊙ 생태적인 외부공간 조성을 고려할 때 토심은 최소 120㎝, 최대 150㎝를 기준으로 하는 것이 바람직하다. ⊙ 건축, 토목, 조경공사간의 긴밀한 연계를 통해 시공상의 누수 등 하자 발생을 사전에 예방한다.	

구 분	3	내 용	관련 요소기술
개 요	분산식 빗물 관리	⊙ 분산형 빗물관리는 지붕, 도로 및 기타 불투수 지표면에 내린 강우를 이수, 치수, 환경측면에서 효율적으로 이용·관리하는 기술로서 기존의 중앙집중식 물관리체계에만 의지하는 것이 아니라 저류 및 이용, 침투 그리고 증발산을 통해 도시배수기능 이외에 환경 친화적이고 생태적인 도시물순환을 유도하는 기술이다.	3장
빗물침투시설 종류 및 특성		⊙ 대지 내 빗물침투시설을 통해 채집된 우수를 자연침투 후 우수배관을 통해 빗물연못이나 저류지, 빗물저장시설로 보내 관리한다. ⊙ 단지 내 비상차로 및 소방관련 차량도로, 보도, 자전거도로, 주차장의 모든 포장면적을 투수성포장으로 설치한다.	
물침투시설의 설치 제한		⊙ 산사태 위험지역, 급경사지 등 빗물의 침투에 의해 지반의 안정성에 문제가 발생할 우려가 있거나 자연환경에 영향을 줄 수 있는 지역과 지하건물이 집밀해 있거나 지하수위가 높아 지하침투가 불가능한 지역 등은 물침투시설의 설치를 제한한다.	

구 분	4	내 용	관련 요소기술
대지계획	통합 단지 계획	⊙ 대지의 경사와 지형 등은 배치의 구성에 큰 영향을 준다. 친환경적인 배치구성을 위해서는 대지의 경사와 지형을 무시하고 인공적인 흐름을 만들어내기보다는 기존의 조건을 이해하고 대지 자원을 이용할 수 있는 구성이 이루어져야 한다.	
배치계획		⊙ 건축물은 대지의 향, 일조 및 주풍향 등을 고려하여 배치하며, 남향 또는 남동향 배치를 한다.	
일조계획		⊙ 일조계획 – 일조를 고려한 주동배치는 각 세대별로 최소한도 이상의 일조환경을 확보한다. – 일조시간의 편차가 크지 않도록 계획한다. – 전면동간의 개방된 영역이 약 30° 정도 확보한다. ⊙ 일조평가 – 친환경 건축물 인증제도에서는 각 세대별 거실창에 면한 발코니 외벽면의 폭과 높이의 중앙지점에 측정점을 지정하여, 동지일을 기준으로 09:00~15:00 사이에 최소 2시간의 연속일조가 확보되는 세대수를 전체 세대수에 대한 백분율로 평가하고 있다. 친환경 주택은 세대에서의 연속일조를 최대한 확보할 수 있도록 설계한다.	4장

일조계획	통합 단지 계획		– 일조평가 시뮬레이션 프로그램을 활용하여 각 세대에 대한 일조평가를 실시하여 설계도서에 첨부하고, 평가 내용을 입주자가 확인할 수 있도록 사용자 유지관리 매뉴얼에 포함하여 제공한다. ⊙ 공동주택은 인동간격을 넓게 하여 저층부의 일사 수열량을 증대시킨다.	4장
소음기준 만족하는 배치계획			⊙ 단지의 환경영향평가서(소음분야) 상의 소음도 평가결과 또는 소음도(예측)평가서 제출물을 토대로 환경기준(환경정책기본법시행령 제2조)과 비교하여 평가한다.	
바람길 계획			⊙ 바람길의 적용 – 단지 내 유입되는 자연풍의 흐름을 막지 않도록 주 풍향에 맞추어 배치계획을 수립한다. – 주변 하천 및 녹지에서 생성된 차고 신선한 공기가 단지 내에 관통하도록 배치계획을 수립한다. – 배치계획단계에서 CFD 해석을 통한 바람길 조성 평가 또는 개념적인 SITE 분석을 한다.	
단지 외부 열환경 성능 검토			⊙ 통합단지 외부 열환경 성능검토 – 전체 대지의 열적 성능을 상세하게 분석하기 위해 시뮬레이션 프로그램을 통해 인공지반의 조성방법(표면마감, 토양재료, 토심)의 차이가 인공지반의 열류특성에 미치는 영향에 대해 검토하여 미기후 개선에 참고하여 설계에 반영한다. – 건축물의 외벽 또는 지붕면에 시공되는 마감자재는 반사율이 높은 제품으로 설치한다. 단, 최상층 지붕에 태양광 발전 패널이나 옥상녹화를 설치한 부분은 제외한다.	
신·재생에너지 설치를 위한 주동배치			⊙ 신·재생에너지를 설치할 경우에는 신·재생에너지 시설의 생산효율성을 높이는데 장애가 되지 않도록 최적의 위치에 설치하여야 한다.	
보행자 및 자전거계획		교통	⊙ 주차공간 저감 (카플용 주차공간 확보) – 제도적인 공감대 형성 및 세수혜택을 부여한다. ⊙ 대중교통과의 접근성 – 주변건물과의 관계를 고려하여 계획(일조, 소음, 프라이버시 등)한다. ⊙ 대체연료 충전소 설치 – 정부의 정책적으로 실현가능하다.	
		보행자	⊙ 단지 내 보행자 전용도로 조성여부. – 공공시설, 보행집결지, 오픈스페이스 등과의 연결을 도모한다. ⊙ 외부보행자 전용도로 네트워크 연계여부 – 다양성, 편리성, 사회적 접촉, 장소성을 부여한다.	
		자전거	⊙ 단지 내 자전거 보관소 및 자전거도로 설치여부 – 자전거만이 통행할 수 있도록 분리대·연석 기타 이와 유사한 시설물에 의하여 차도 및 보도와 구분하여 설치된 자전거도로를 확보하며 2.0m 이상의 폭이 확보 되도록 한다.	

<table>
<tr><td>보행자 및 자전거계획</td><td rowspan="2">통합 단지 계획</td><td>자전거</td><td>- 단지 내 자전거 보관대 설치를 확대하여 0.5대 이상/세대 수량만큼 설치하며 보관대 최소 크기는2.0m×0.65m(1.3㎡) 규격이 충족 하도록 한다.</td><td></td></tr>
<tr><td>기 타</td><td colspan="2">⊙ 음식물 쓰레기 저감
- 음식물 쓰레기 규모를 줄일 수 있는 처리시설을 설치한다.
⊙ 노약자, 장애자 배려의 타당성
- 건물내외부와 공간구역에서 무단차 공간계획을 고려한다.</td><td></td></tr>
</table>

8장 건물계획 (Building Design)

구 분	1	내 용	관련 요소기술
가변형 평면 시스템	구조 형식 및 공간 구성	⊙ 거주자의 미래 라이프사이클 및 라이프스타일 변화에 대응할 수 있는 평면개발을 유도하여 불필요한 주택의 개조에 따른 자재의 낭비를 막는데 목적이 있다. ⊙ 구조계획 – 평면 레벨의 다양화와 공간의 가변성을 고려한다. – 공간가변에 용이하게 대응할 수 있는 RC라멘조, Flat plate Slab(무량판구조), 내부에 보 없는 장스팬 구조를 적용한다. – 슬래브 두께 증가(210mm), 물시멘트비 55% 권장한다. ⊙ 공간계획 – 물 사용 공간 집중화 및 하부 이중바닥 또는 슬래브 다운 적용한다. – 이중바닥 필수, 이중천장 선택적 적용 – 바닥구배 1/50~1/100 가능하도록 바닥 높이를 결정한다.	5장
가변형 벽체 시스템		⊙ 건식공법의 가변형 벽체시스템 개발 – 주택내부의 내력벽 이외의 벽체를 거주자들이 임의로 위치 변경하거나 철거가 가능하고 재사용이 용이한 평면으로 계획한다. 용도에 따라 단일·다중구조 가능 – 평면(바닥 선시공 후 벽체 시공)시스템을 세대내 비내력벽 면적의 50% 이상에 적용한다.	
실내소음성능		⊙ 층간 경계 바닥 충격음 차단성능 수준 – Slab 두께를 210mm로 시공한다. – 외벽은 도로 등 외부소음을 충분히 차단하도록 배려한다. – 탄성 마감재 시공에는 모노륨, 콜크타일, 고무, 비닐타일 등이 있다.	

실내소음성능	구조 형식 및 공간 구성	⊙ 층간 경계바닥 충격음 – 세대 내 바닥 충격음이나 화장실 소음을 저감할 수 있도록 바닥충격음 차단구조로 시공하며 바닥 충격음 차단성능의 등급기준으로 경량충격음과 중량충격음을 2급 이상 받도록 한다. 이는 「주택건설기준 등에 관한 규정」 제14조 제3항·4항 및 60조의 제 3항의 규정에 따른다.	
기 타		⊙ 건물 내 거주자의 휴식 및 재충전을 위한 공간 마련(식재공간/휴게공간) – 공유공간은 서로 유기적으로 연결되어 통합적으로 구성한다. – 공공이용이 가능하도록 유니버설 접근성이 확보한다.	

구 분	2	내 용	관련 요소기술
친환경 외피시스템	친환경 외피 성능 강화	⊙ 외피 특성에 맞는 시스템 구성 – 외피시스템 설계의 가장 중요한 부분은 창호와 벽체의 단열성능을 결정하는 것이다. 설계 초기에 설계자는 이 부분의 목표를 정확히 설정해야한다. – 자연환기와 채광을 위한 적절한 개구부의 면적계획이 중요하다.	
벽체 단열시스템		⊙ 단열계획 – 단열은 부분적으로만이 아니라 전체적으로 실시하여야 하며, 특히 벽면 지붕면, 일층 바닥 및 기초부분의 단열성능을 강화해야 한다. ⊙ 세대내의 단열재는 「건축물에너지절약설계기준」 제4조 건축부문의 의무사항을 만족해야한다. ⊙ 외단열시스템 – 단지내 모든 건축물에 외단열 시스템을 적용하여 열교 및 결로를 방지하며 기밀성능을 확보한다. – 발코니 확장시 열교 및 결로를 방지할 수 있는 구조로 설계한다. – 외단열은 확장형 발코니 기준으로 설치하는 것을 권장한다. – 각 세대 최외곽 단열선(외단열)을 표시한 창호도 및 단면도를 설계도서에 첨부한다. ⊙ 외단열시스템의 소재개발(습식, 반건식, 건식 시스템) – 친환경 소재인 미네랄울과 글라스울 적용 – 자원 재활용, 불연 단열재로 화재시 인명 보존 가능하다.	6장
창호시스템		⊙ 창호의 단열성능은 벽체의 단열 성능보다는 7~8배 낮기 때문에 창호의 단열 성능을 향상시키는 것이 매우 중요한 요소이다. ⊙ 외기에 직접 면한 창호 – 외기에 직접 면한 창호 및 복도 또는 엘리베이터 코어와 같은 비공조 공간에 면한 창의 경우 1.8 W/㎡·K를 만족해야 한다.	7장

창호시스템	친환경 외피 성능 강화	– 열손실과 일조 확보를 고려하여 향에 따라 20 ~ 80% 창면적비를 만족하도록 설계한다. ⊙ 개방 가능창의 면적 확보(실내 바닥면적의 5%) – 국부적인 복사열손실과 드래프트를 방지한다. – 차양, 자연환기를 활용하고 국부적인 써머스텟으로 조절한다. ⊙ 현휘(눈부심) 방지를 위한 재실자의 조절가능 – 창을 통한 조망은 재실자에게 심리적인 만족감을 제공한다. ⊙ 조명기기 성능 – 인공조명에서의 빛의 강도 변화에 비해 자연채광을 통한 강도 변화에 더 쉽게 순응한다.	7장
차양시스템		⊙ 적절한 차양 장치 – 차양시스템의 단면 및 표면 반사율을 조정하여 냉방부하 저감효과를 향상시킬 수 있다. – 실내에 냉방부하가 발생하는 시점(태양고도 60°~76°)에는 직달일사의 실내유입량을 효과적으로 차단하고 동계에는 실내로의 일사유입을 최대화하기 위해서는 가변차양의 적용이 타당하다.	
기밀성능		⊙ 기밀성테스트 – 세대의 기밀성능 확보: 시공 후나 입주 전 건물 타입 별/ 저, 중, 고 / 동 별 대표 세대를 1세대씩 선정하여 기밀성능을 확인한다. – 외기에 직접 면한 창호의 기밀성능 확보: 창의 기밀성능은 KS F2292 창호의 기밀성 시험방법에 의해 그 성능이 1등급(통기량 2㎥/h㎡미만)을 만족하는 제품을 사용하여야 한다.	
자연환기기법		⊙ 자연채광 및 쾌적환기를 위한 세대내 창면적 확보 – 각 실의 창면적을 바닥면적의 10% 이상으로 하여 자연채광을 적극적으로 도입한다. – 세대 내 맞통풍이 가능한 경우, 해당 실의 바닥면적에 대하여 개방 가능한 창호면적은 5% 이상으로 한다. (남북으로 맞통풍 시 남측 5%, 북측 5%를 각각 만족해야 한다.) – 공동주택 구조상 맞통풍이 어려운 경우, 각 실의 개방가능 한 창호 면적을 바닥면적의 10% 이상 확보하여 자연환기를 유도한다. ⊙ 자연환기 설계 도입 및 쾌적한 실내공기환경 조성 – 쾌적환기를 위한 개방 가능창 면적 확보와 맞통풍을 확보한다. – 설비적 보조수단에 의한 환기계획한다. – 열교환기기능이 있는 환기장치를 설치한다. – 디퓨저를 설치한다. ⊙ 거주자를 위한 쾌적한 실내환경 조성 – 발코니에 식물정원을 꾸밀 수 있는 공간을 마련한다. ⊙ 실내 습도 조절 및 확보	

구 분	3	내 용	관련 요소기술
친환경 건축자재의 사용	친환경 건축 자재 사용	⊙ 친환경건축자재의 사용 – 쾌적한 실내환경을 만들고, 환기로 인해 손실되는 에너지를 줄이고 나아가 거주자의 정신적, 육체적 건강을 보호할 수 있다. ⊙ 환경관련 표시제도 – 건축자재의 선택시 환경관련표시제를 통과한 자재를 사용하는 것이 바람직하다.	
친환경 건축자재의 종류		⊙ 천연 / 친환경 자재 – 주거건물에서는 많은 종류의 자재들이 복합적으로 사용되기 때문에 사용되는 자재가 근본적으로 오염물질 방출이 적은 천연 또는 친환경 자재를 사용하는 것이 좋다.	
친환경 건축자재의 적용		⊙ 환경성능에 대해 인증 받은 건축자재 적용 – 벽체(외벽 제외), 천장, 바닥에 각종 유해물질 저함유 자재를 전 세대에 적용한다. – 자재의 최대표면적은 해당부위 표면적의 최소 30%이상 적용한다. – 환경 성능에 대해 인증 받은 건축자재는 다음과 같은 인증 중 1가지 이상을 득한 자재를 말한다.(한국환경산업기술원 인증 건축자재, 환경표지 (마크) 또는 GR마크를 획득한 자재, 한국공기청정협회 HB 마크 자재 등 친환경 건축자재임을 증명할 수 있는 자재) – HB 마크는 폼알데하이드를 기준으로 GR마크와 유사 또는 동등 이상의 인증 등급을 선택하도록 한다. – 오염물질방출 건축자재로 고시된 품목 사용금지 (환경부고시 참조) – 유효자원 재활용을 위한 친환경 제품 9종 이상 사용 한다. – 환경성능에 대해 인증 받은 건축자재는 시방서를 통해 적용여부를 확인 인가 받고, 이행여부는 감리자가 확인하도록 한다. ⊙ 환경성능에 대해 인증 받은 가구 적용 – 각 세대에 시공시 설치되는 기본적인 가구(싱크대, 붙박이장 등)는 환경 성능에 대해 인증 받은 자재 및 완제품으로 한다. – 이는 시방서를 통해 적용여부를 확인 인가 받고, 이행여부는 감리자가 확인하도록 한다. ⊙ 기능성 건축자재 – 실내의 습도를 조절 할 수 있는 흡·방습 성능을 갖춘다. – 유해화학물질의 흡착·분해할 수 있는 건축자재를 사용한다. ⊙ 각종 유해물질 저함유자재의 사용 ⊙ 건축자재로부터 배출되는 기타 유해물질(석면) 억제 – 친환경 건축 자재개발(조습천장재, 기능성석고보드 + 건강벽지, 무기질도료 개발)한다. ⊙ 공업화 공법 및 환경 신기술 적용 – 친환경 건축 자재개발한다. ⊙ 승인된 목재의 사용 – 인증된 목재에는 인증마크를 부여한다. ⊙ 자연에서 빠르게 생산되는 자재의 사용 ⊙ 공사 자재 중 일부를 해당지역 생산품 사용 ⊙ 생활용 가구재 사용억제 대책의 타당성 – 빌트인 시스템을 적극도입으로 소모성가구재 사용을 최소화한다.	8장

건축자재의 재사용	친환경 건축 자재 사용	⊙ 건설폐기물의 재활용촉진에 관한 법률 제 38조, 시행령 제 4조 및 5조에 따라 당해 건설공사에 순환골재 및 순환골재를 재활용한 자재를 적극 사용한다. ⊙ 지정부산물 및 공사장 쓰레기 등의 기타 부산물에 대한 재활용 비율을 검토한다. ⊙ 유효자원 재활용을 위한 친환경인증제품 사용여부 결정 – 친환경 상품 진흥원, 한국환경산업 기술원 인증 건축자재, 환경표지(마크) 또는 GR 마크를 획득한 자재, 한국공기청정협회 HB 마크 자재 등을 사용한다. ⊙ 기존 건축물의 재사용으로 재료 및 자원의 절약 ⊙ 재활용 가능자원의 분리수거 – 효율적으로 분리할 수 있는 시설이나 가구설비를 계획한다.
실내공기질 기준		⊙ 실내공기질 기준의 충족 – 실내공기질 기준의 충족하도록 친환경건축자재를 사용하여야 한다. – 실내공기질 측정은 공정 시험법에 따르며, 시험과정 및 방법(밀폐상태 및 밀폐시간 등)은 감리 등이 관리 감독 할 수 있도록 한다. ⊙ 실내공기질 미확보시 조치사항 – 실내공기질 조건을 충족하지 못할 경우 Bake out 또는 Flush out을 실시하며, Flush out 이후 실내공기질 재측정을 수행하여 실내공기질을 만족할 때까지 실시한다. – Flush out 조건은 최소한 청정건강주택 건설기준(국토해양부고시 제 2010-382호)에 따른다.

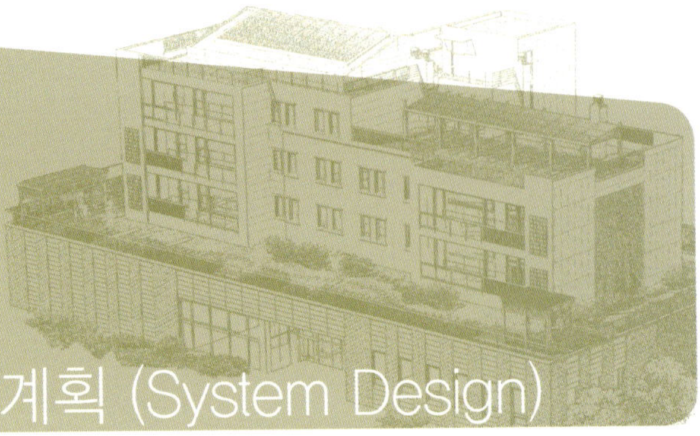

9장 설비시스템계획 (System Design)

구 분	1	내 용		관련 요소기술
사전확인사항	통합 단지 계획	⊙ 지역난방 공급(냉방) 공급 의무화 지역 여부 ⊙ 도시가스 등의 공급 여부확인		
열원공급방식		⊙ 중앙공급 방식 – 지역난방에 의한 중앙공급 (법적구속) – 연속난방을 활용한다. – 중앙기계실에 보일러 등에 의한 중앙공급 – 간헐난방을 활용한다. – 대체에너지를 활용(지열)한다. ⊙ 개별공급 방식 – 지역난방 고시지역이 아니면 세대별 개별보일러를 설치하여 난방을 공급한다.		
열원설비 종류 및 고려사항		지열	⊙ 열원공급확인 – 집단에너지 공급지역(의무지역) – 지역열원 고시지역의 경우 신·재생에너지 사용에 대한 법규해석이 필요하다. ⊙ 백업시스템 – 처리용량 부족시를 대비한 보조열원 백업시스템을 고려한다.	13장
		태양 에너지	⊙ 태양열 급탕 시스템 – 건물 간 인동간격을 고려한 태양열 집열판 설치 위치를 선정한다. – 외부 기상조건에 의한 효율 저하를 고려하여 하이브리드 시스템(보조 보일러)을 구성한다.	12장

열원설비 종류 및 고려사항	통합 단지 계획	태양 에너지	⊙ 태양전지패널 – 건물 간 인동간격을 고려한 태양전지패널 설치위치를 선정한다. – 건물의 입면 디자인을 고려하여 계획한다. – 효율성을 고려한 패널 형식을 계획한다.	12장
		연료 전지	⊙ 발전량과 폐열사용량이 상이할 수 있으므로 보조 보일러 장착 ⊙ 내장형 온수탱크를 설치하여 급탕부하 담당	

구 분	2		내 용	관련 요소기술
냉난방 설비 종류 및 특징	냉난방 설비	난방	⊙ 중앙방식 – 지역난방에 의한 중앙공급(법적구속) – 연속난방을 활용한다. – 중앙기계실에 보일러 등에 의한 중앙공급 – 간헐난방을 활용한다. – 대체에너지 활용을 검토(지열)한다. ⊙ 개별방식 – 지역난방 고시지역이 아니면 세대별 개별보일러를 설치하여 난방 공급한다.	9장
		냉방	⊙ 복사냉방 및 FCU를 위한 냉수의 공급에 대한 추가적인 열원설비 필요 ⊙ 중앙방식 – 지역열원(냉수)에 의한 공급 / 냉동기에 의한 냉수를 공급한다. – 지역열원(중온수)을 사용하는 흡수식냉동기로 냉수를 공급한다. ⊙ 개별 방식 – 세대별로 냉수를 공급하기는 어렵다.(중앙 방식 적용) – 세대별 개별난방을 할 경우도 냉수공급은 중앙에서 공급한다.	
냉난방 설비외 제어		냉·온수 공급	⊙ 배관구성 – 냉수/온수 배관 또는 밸브 분리여부를 검토한다. ⊙ 공급온도 – 냉·온수 공급온도(입·출구 온도 △T)에 따른 유량을 검토한다. – 지역난방 적용시 온도차가 커서 냉수유량을 온수유량과 동일하게 구성하기 어렵다.	
		바닥 배관	⊙ 재질검토 – 바닥 냉, 난방용 코일 배관 재질을 검토한다. ⊙ 배관구성 – 냉·난방 코일 피치(간격)를 확인한다. – 냉·난방 처리 용량을 검토한다.	

냉난방 설비의 제어	냉난방 설비	유량 분배	⊙ 냉·온수 유량분배 – 공급온도차에 의한 냉·온수 공급유량을 확인한다. ⊙ 용량검토 – 냉·온수 분배기 설치 용량을 검토한다.	9장
고효율 시스템 설치		고효율 열원 기기	⊙ 지식경제부 고시 "고효율에너지 기자재 보급촉진에 관한 규정" 준수 ⊙ 고효율 냉난방 요소시스템의 고효율 온수분배기 및 제어시스템 등의 적용시 고효율 에너지 기자재를 적용	

구 분	3	내 용	관련 요소기술
사전확인사항	환기 설비	⊙ 다중이용시설 등의 실내 공기질 관리법 숙지 ⊙ 건축물의 설비기준 등에 관한 규칙 이해 ⊙ 주택법 제21조 숙지 ⊙ 주택건설기준 등에 관한 규정: 주택성능등급 인정 및 관리기준 파악	
환기방식		⊙ 환기량 – 시간당 0.7회 환기할 수 있는 풍량을 확보한다. – 자연환기 또는 기계환기가 동시에 운용될 수 있는 혼합형 환기설비가 필요하다. – 환기량 확보가 가능한 객관적 근거로 입증될 경우 인정한다. ⊙ 시스템 구성 – 자연환기 적용 검토한다. – 기계환기+자연환기 적용 검토한다. ⊙ 기계환기 시스템 구성 – 전열교환기 타입+덕트 연결형 + 하이브리드형 자연환기구 – 전열교환기 타입 (중앙공급) + 하이브리드형 자연환기구 – 덕트 바닥매립형 환기방식 + 하이브리드형 자연환기구 – 공기청정 급배기유닛 + 하이브리드형 자연환기구	11장
저에너지 소비형 환기기술 개발		⊙ 폐열회수 환기 기술 도입 ⊙ 무덕트 환기 기술 도입 – 겨울철 외기도입구 부근의 기류를 적절히 분산시켜 특히 겨울철 표면 결로나 콜드 드래프트를 방지하도록 설계한다. ⊙ 하이브리드 환기 기술(Hybrid Ventilation System) 도입	

환기장치구성	환기 설비	⊙ 자연 환기 배기구 – 자연환기를 위한 배기구 위치 및 유닛별 배출가능 풍량을 제시한다. ⊙ 저정압 필터 급기구 – 필터정압에 의한 효율저하 검토 – 급기구내 유닛 압손 저하율 및 유지보수 가능 공간을 확인한다.	11장

구 분	4		내 용	관련 요소기술
사전확인사항	위생 설비	⊙ 수도법/하수도법 ⊙ 신재생에너지 보급사업(태양열)		
단지내 물재활용		주변 하수관로 검토	⊙ 주변하수종말처리장 유/무 확인 ⊙ 토목배관이 분류식/합류식에 따라 하수배관 구성이 구분 ⊙ 합류식: 오/배수, 우수 통합배관 – 분류 정화조를 의무적으로 설치한다. ⊙ 분류식: 오/배수, 우수분리배관 – 분류 정화조가 불필요하다. ⊙ 빗물 및 중수사용에 따른 인센티브 및 관련 친환경인증제도 검토 ⊙ 우수사용에 대한 지자체 조례 검토 ⊙ 단지내 빗물 및 중수사용에 관한 지자체 조례 검토	
절수형 위생기구		사용 수량	⊙ 절수형 수전·대변기·소변기 사용수량 검토	
빗물이용시설		채수 배관	⊙ 채수범위 검토 ① 건물의 옥상부분 ② 단지 내의 지면부분 ③ ①+② 모두 적용 – 대상지역 강우량과 유출량 확인한다. – 집수면의 형태, 재질 및 크기, 효율성(기능적/경관적)을 검토한다. ⊙ 초기방류량 – 배관내 토사유입을 방지를 위한 우수채수 시퀀스를 제시한다. ⊙ 연결배관구성 – 처리시설까지 연결될 배관연결 방법을 협의한다. – 자연구배로 채수가 가능여부 및 우수 처리조 설치 Level 검토 – 폭우 시 Overflow 배관계획을 한다. – 조경적 빗물이동 수로를 설치한다. – 강우량, 포장유출계수 등을 통한 평균저류량을 검토한다.	

빗물이용시설	위생설비	우수 공급	⊙ 사용처 분류 – 수처리 후 사용용도를 규명한다. – 시수배관/우수공급배관을 구분한다. – 상수도/우수의 공급수량에 따른 펌프용량 및 양정을 검토한다. ⊙ 수질 검토 – 적용된 빗물처리기술을 파악한다. – 최종 처리된 수질을 파악한다.	3장
		설치 용량	⊙ 처리용량 결정 – 우수처리 용량 및 우수조 크기를 결정한다. – 수처리 공정에 따라 처리조 등 설치 범위를 결정한다. – 조경용수조 등 활용처에 대한 수조용량을 검토한다. ⊙ 백업시스템 – 우수 확보량 부족시를 고려한 상수도 백업을 계획한다.	
중수재활용		채수 배관	⊙ 채수범위 검토 ① 세정용수 ② 샤워/욕조 ③ 화장실/다용도실 FD 배수 ④ 대변기 세정수 (대, 소변) ⑤ 주방용수 ⑥ 발코니 FD 배수 ⊙ 채수범위가 결정되면 연결될 배관의 Grouping ⊙ 세대 내의 대·소변의 분리 시스템 및 배관구성 검토	
		중수 공급	⊙ 사용처 분류 – 지역 중수 사용가능성을 검토한다 – Grey/Black Water의 수처리 후 사용용도를 규명(수질고려)한다. – 사용 용도에 따라 시수배관 및 중수공급배관을 구분한다. – 상수도/중수 펌프용량/양정을 검토한다. ⊙ 수질검토 – 채수 범위 및 적용된 수처리 기술을 파악한다. – 최종처리수질을 파악한다. ⊙ 활용 – 식물관수용 및 청수등 조경용수 사용가능성을 검토한다. – 화장실, 세차용수에 활용한다.	
		설치 용량	⊙ 처리용량 결정 – 세대내 배출(채수)량에 따른 중수처리 용량을 결정한다. – 수처리 공정에 따라 원수조, 처리조 등 설치 범위를 결정한다. ⊙ 백업시스템 구축 – 중수 확보량 부족시를 대비한 상수도 백업을 계획한다.	

구 분	5	내 용	관련 요소기술
조도기준	조명 설비	⊙ KS A 3011-1993 주택 조도기준	
자연채광시스템		⊙ 시뮬레이션을 통한 조도 및 눈부심 분석	
전기조명		⊙ 고효율조명기기 제품 사용 ⊙ 현관, 계단실 조명 - 인체감지 또는 자동소등 조명 적용을 검토한다.	

구 분	6	내 용	관련 요소기술
대기전력 차단	전력 설비	⊙ 에너지관리공단 인증 "대기전력 저감 우수제품" 확인 - 콘센트, 도어폰, 홈게이트웨이 등을 확인한다.	
고효율 기자재 인증제품		⊙ 가정용 보일러, 변압기, 전동기기 - 고효율기자재 인증제품을 확인한다. ⊙ 난방, 급탕 및 급수펌프 - KS 규격 효율의 1.12배 제품을 확인한다.	

PART 4

green home plus 설계가이드

저에너지 친환경 공동주택 통합설계팀(2-1세부)
연세대학교, (주)공간종합건축사사무소, (주)한일MEC, (주)한설그린

10장 green home plus[1)]란?

1. green home plus 핵심기술

green home plus 를 구현하기 위해서는 주변 자연환경에 순응하여 효과적으로 자연을 활용하는 것으로부터 출발하여 태양, 바람 등의 자연에너지를 최대한 활용한 건물 디자인으로 쾌적한 실내환경을 조성할 수 있어야 하며 건물 디자인만으로 만족하지 못한 부분은 고효율 설비시스템으로 에너지 사용량을 최소화하고 에너지원 또한 탄소배출을 저감할 수 있도록 재생가능한 에너지를 사용해야 한다.

green home plus 의 핵심기술은 주거단지를 포괄하는 외부환경 조성기술(SITE), 저에너지 건물기술(BUILDING), 고효율 설비기술(SYSTEM)으로 나눌 수 있다. 공동주택의 에너지 및 자원절약, 오염방지, 건강한 주거 환경을 제공하는데 의의를 두고 있으며, 기존 공동주택 표준모델로 모든 성능을 2008년 개정된 법규에 기준하여 그린홈플러스 모델의 성능을 비교하여 검증하기 위해 구축된 모델이다. 전문가와 일반인을 대상으로 지속적인 교육과 홍보를 시행함으로써 친환경 공동주택을 보급 및 확산하고자 한다.

1) green home plus: "저에너지 친환경 공동주택 그린홈 플러스 요소기술" 14장 참조

[green home[plus] 핵심기술 분류]

SITE
외부환경 조성기술

건물 미기후의 조절
열섬현상 저감으로 건물부하 저감

녹화 계획	경사형 녹화 유니트시스템
	벽면 녹화시스템
	친환경/에너지 절약형 식재
물 순환 시스템	우수침투시스템
	우수활용 및 단지내 수순환시스템
	중수처리시스템
	절수형 기기
단지 계획	친환경 통합 단지계획

BUILDING
저에너지 건물기술

건축물 단열, 기밀 설계 및 시공
자연형 냉난방 기법

평면계획	가변형 경량벽체시스템
외피 시스템 계획	외단열시스템
	열교차단시스템
	진공단열재
	지능형 이중창호시스템
실내 마감재	친환경 건강벽지
	기능성 무기질 도료
	기능성 석고보드
	PCM 보드/몰탈

SYSTEM
고효율 설비기술

에너지 효율적 설비시스템 구축
효율적 조명 제어시스템 구축
신재생 에너지의 사용

냉난방 시스템	바닥복사 냉난방시스템
	모세관 복사냉난방시스템
	고효율 온수분배기
	지능형 난방제어시스템
환기 시스템	하이브리드 환기시스템
	저압손 고효율 필터
	자연환기구
신재생에너지 시스템	태양열 급탕시스템
	건물 일체형 태양광발전시스템(BIPV)
	건물 일체형 지열 + 우수열원 시스템
전기설비시스템	대기전력 차단 장치 / 일괄 소등 스위치
	LED 조명

2. green home plus 모델 별 특성 요약

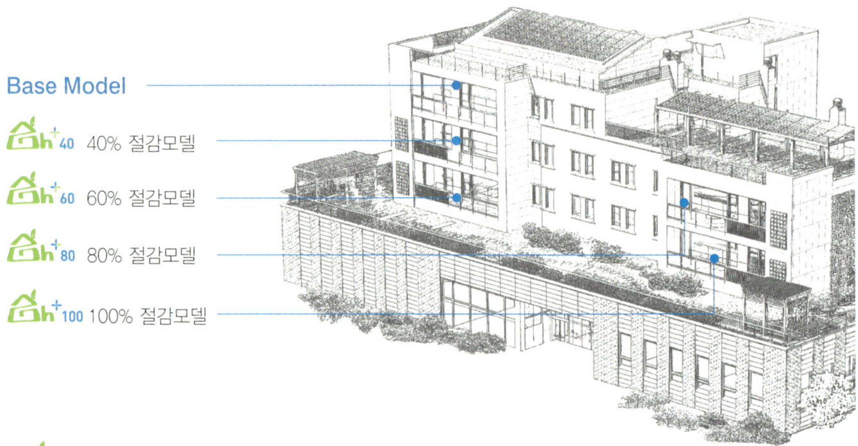

gh+40 40% 에너지 절감

- 다기능 이중창호 및 외단열 적용을 통한 건물 냉난방 부하 저감
- 친환경 마감재 적용, 하이브리드 환기시스템 적용을 통한 환기부하 감소
- 태양열 급탕시스템 및 태양광발전시스템 등의 신재생에너지 적용

gh+60 60% 에너지 절감

- 벽체와 창호부분의 단열 성능 강화
- 열회수 환기시스템 도입을 통한 획기적 열손실 감소
- 바닥복사냉난방시스템 도입을 통한 에너지 절감 및 쾌적성 향상

gh+80 80% 에너지 절감

- 독일의 패시브하우스 수준의 난방에너지 소비
- 옥상부위 경량녹화유닛 적용을 통한 열섬현상 저감 및 냉난방 부하 저감
- 상변화물질(PCM) 적용을 통한 쾌적성 향상 및 에너지 절감
- 냉난방 열원으로 지열 및 우수열 활용

gh+100 100% 에너지 절감

- 진공단열재 등을 적용하여 벽체와 창호의 단열 및 기밀성능 향상
- 구조체를 통한 열교방지 설계·시공 및 열교차단시스템 적용
- 지열 및 우수열을 열원으로 사용하는 모세관(Capillary Tube) 복사냉난방 시스템 적용
- 벽면 및 지붕면의 건물일체형 태양광발전시스템(BIPV) 적용

11장 green home[plus] 모델별 공통 설계가이드

1. 외부공간조성

자연자원활용	⊙ 생태적토지이용계획에는 산림 등 원형녹지 보전을 통한 생태환경 보전계획과 보전적지 결과분석에 의한 보전용도지역 설정으로 분류 가능하다. ⊙ 표토는 생물서식처 및 수목생육에 매우 중요한 요소로서 보전 또는 재활용해야 하며 친환경건축물인증제도등에서는 활용률에 따라 가산점을 제공하고 있다.
생태면적률	⊙ 「생태면적률」은 개발로 인해 훼손되기 쉬운 도시공간의 생태적 기능(자연의 순환기능)을 유지 또는 개선할 수 있도록 유도하기 위한 환경계획 지표이다. ⊙ 환경부 생태면적률에 관한 기준에 따르면 공동주택지(아파트단지)에서는 생태적가치가 높은 경우에는 40%~60%이상으로 권장(GH+40 모델 40% / GH+60 모델 50% / GH+80, GH+100 모델 60%)한다.
단지내외 녹지연계 및 생태벨트 소성	⊙ 그린네트워크는 인접 녹지 및 블루네트워크와의 연결이 되도록하며 단지내 중심(핵심공간)으로부터 대상지 전체까시의 연결을 위해 보행녹도, 다층구조식재, 오픈스페이스의 중앙집적 등으로 연계가 가능하며, 단지내 비오톱과의 연계도 고려해야 한다.
생물서식공간 조성	⊙ 비오톱은 동식물이 서식할 수 있는 공간을 말하며 전체 자연환경은 비오톱의 연결로 이루어져 있다. ⊙ 딘지네 비오톱 구성요소로서는 숲, 초화원, 생태연못, 저류지, 실개천, 습지, 토양, 인공지반을 활용한 비오톱 등이 있으며, 각 요소들의 설계시 동식물의 서식환경을 고려하여 공간조성을 하여야 한다.

외부공간식재	⊙ 외부공간식재는 수목의 생태적 특성을 최대한 고려해야하며, 수목의 차양, 증발산 및 방풍의 기능을 활용한 주택의 냉난방에너지 소비와 비용을 절약하도록 계획한다. ⊙ 수직적 다양성의 창출은 대기오염 완화, 생물다양성 유지 등 녹지의 기타 환경생태적 기능을 증가시킬 수 있으므로 다층구조의 식생경관을 조성함 ⊙ GHG(Green House Gas) 온실가스를 빨아들이는 수종선택을 권장한다.

2. 인공지반녹화

경사지붕녹화	⊙ 경사지붕의 경우 풍압 및 강우, 일사 등의 기상조건이 일반적인 평지붕보다 열악한 상황에서 조성가능하나, 급속한 배수가 이루어져 상부 식생기반 생장에 필요한 수분 확보가 곤란하다. ⊙ 고층건물 옥상부에서 발생 가능한 풍압에 의한 녹화토양 및 식물의 비산의 방지할 수 있는 시설의 설치가 필요하며, 저수기능 강화와 방근성능 일체화를 고려한 유닛형태 패널방식이 사용이 권장된다.
기타 인공지반녹화 (슬라브 상부녹화)	⊙ 생태적인 외부공간 조성을 고려할 때 토심은 최소 120㎝, 최대 150㎝를 기준으로 하는 것이 바람직하다. ⊙ 건축, 토목, 조경공사간의 긴밀한 연계를 통해 시공상의 누수 등 하자발생을 최소화하여야 한다.

3. 분산식 빗물관리

빗물침투시설	⊙ 인공지반의 빗물침투는 지반에 빗물을 저장하고 머무를 수 있도록 함으로서 도시홍수 및 가뭄예방과 증발산에 따른 지표면의 온도상승을 저감하여 열섬현상저감 효과를 가져올 수 있다. ⊙ 빗물침투시설의 종류로서는 침투통, 침투트렌치, 침투측구, 투수성 포장, 투수보도블럭, 쇄석공극저류침투 등이 있다. ⊙ 단지 내 비상차로 및 소방관련 차량도로, 보도, 자전거도로, 주차장의 포장면적은 투수성포장으로 설치 권장한다.
빗물저류 및 이용시설	⊙ 건물옥상 등의 불투수면을 통해 집수하거나 또는 대지 내 빗물침투시설을 통해 채집된 우수는 초기우수처리장치등을 통해 빗물연못이나 저류지, 빗물저장시설로 보내 저류후 조경용수등으로 재활용이 가능하다. ⊙ 건물에서 채집한 우수는 저류후 중수와 연계하여 재처리 후 빗물이용시설에서 활용도 가능하다.

4. 통합단지계획

대지계획	⊙ 대지의 경사와 지형 등은 배치의 구성에 큰 영향을 준다. 친환경적인 배치 구성을 위해서는 대지의 경사와 지형을 무시하고 인공적인 흐름을 만들어 내기보다는 기존의 조건을 이해하고 대지 자원을 이용할 수 있는 구성이 이루어져야 한다.
배치계획	⊙ 건축물은 대지의 향, 일조 및 주풍향 등을 고려하여 배치하며, 남향 또는 남동향 배치를 한다.
일조계획	⊙ 친환경 건축물 인증제도에서는 각 세대별 거실창에 면한 발코니 외벽면의 폭과 높이의 중앙지점에 측정점을 지정하여, 동지일을 기준으로 09:00~15:00 사이에 최소 2시간의 연속일조가 확보되는 세대수를 전체 세대수에 대한 백분율로 평가하고 있다. 친환경 주택은 세대에서의 연속일조를 최대한 확보할 수 있도록 설계한다. ⊙ 일조평가 시뮬레이션 프로그램을 활용하여 각 세대에 대한 일조평가를 실시하여 설계도서에 첨부하고, 평가 내용을 입주자가 확인할 수 있도록 사용자 유지관리 매뉴얼에 포함하여 제공한다.
소음계획	⊙ 단지의 환경영향평가서(소음분야) 상의 소음도 평가결과 또는 소음도(예측)평가서 제출물을 토대로 환경기준(환경정책기본법시행령 제2조)과 비교하여 평가한다.
바람길 계획의 적용	⊙ 단지 내 유입되는 자연풍의 흐름을 막지 않도록 주 풍향에 맞추어 배치 계획을 수립한다. ⊙ 주변 하천 및 녹지에서 생성된 차고 신선한 공기가 단지 내에 관통하도록 배치계획을 수립한다. ⊙ 위의 내용을 만족하도록 배치계획단계에서 CFD 해석을 통한 바람길 조성 평가 또는 개념적인 SITE 분석을 한다. 바람길 조성 개념분석은 설계도서에 첨부한다.
단지외부 열환경 성능검토	⊙ 전제 내시의 열적 성능을 상세하게 분석하기 위해 시뮬레이션 프로그램을 통해 인공지반의 조성방법(표면마감, 토양재료, 토심)의 차이가 인공지반의 열류특성에 미치는 영향에 대해 검토하여 미기후 개선에 참고하여 설계에 반영한다. ⊙ 건축물의 외벽 또는 지붕면에 시공되는 마감자재는 반사율이 높은 제품으로 설치한다. 단, 최상층 지붕에 태양광 발전 패널이나 옥상녹화를 설치한 부분은 제외한다.
신재생에너지를 위한 주동계획	⊙ 신·재생에너지를 설치할 경우에는 신·재생에너지 시설의 생산효율성을 높이는데 장애가 되지 않도록 최적의 위치에 설치하여야 한다.

보행자 및 자전거 계획	자전거 도로확보	⊙ 자전거만이 통행할 수 있도록 분리대·연석 기타 이와 유사한 시설물에 의하여 차도 및 보도와 구분하여 설치된 자전거 도로를 확보하며 2.0m 이상의 폭이 확보 되도록 한다.
	자전거 보관대 설치	⊙ 단지 내 자전거 보관대 설치를 확대하여 0.5대 이상/세대 수량만큼 설치하며 보관대 최소 크기는2.0m×0.65m(1.3㎡) 규격에 충족 하도록 한다.

5. 구조형식 및 공간구성

가변형 평면 시스템	가변형 평면 시스템	⊙ 거주자의 미래 라이프사이클 및 라이프스타일 변화에 대응할 수 있는 평면개발을 유도하여 불필요한 주택의 개조에 따른 자재의 낭비를 막는데 목적이 있다.
	구조 시스템	⊙ 공간가변에 용이하게 대응할 수 있는 RC라멘조, Flat Plate Slab(무량판구조), 내부에 보 없는 장스팬 구조 적용한다. ⊙ 고 내구성 구조로 슬래브 두께 210mm, 물시멘트비 55%를 권장한다.
	가변형 공간 계획	⊙ 물 사용 공간 집중화 및 하부 이중바닥 또는 슬래브 다운 적용 ⊙ 이중바닥 필수, 이중천장 선택적 적용 – 바닥구배 1/50~1/100 가능하도록 바닥높이를 결정한다.
가변형 벽체시스템		⊙ 주택내부의 내력벽 이외의 벽체를 거주자들이 임의로 위치 변경하거나 철거할 수 있도록 계획한다. ⊙ 평면(바닥 선시공 후 벽체 시공)시스템을 세대내 비내력벽 면적의 50% 이상에 적용한다. ⊙ 용도에 따라 단일·다중구조가 가능하다.
실내소음 성능기준		⊙ 층간 경계바닥 충격음 – 세대 내 바닥 충격음이나 화장실 소음을 저감할 수 있도록 바닥충격음 차단구조로 시공하며 바닥 충격음 차단성능의 등급기준으로 경량충격음과 중량충격음을 2급 이상 받도록 한다. 이는 「주택건설기준 등에 관한 규정」 제14조 제3항·4항 및 60조의 제 3항의 규정에 따른다.

green home plus 112

6. 친환경 외피성능강화

구분		내용
외피특성에 맞는 시스템 구성		⊙ 외피 특성에 맞는 시스템 구성 – 외피시스템 설계의 가장 중요한 부분은 창호와 벽체의 단열성능을 결정하는 것이다. 설계 초기에 설계자는 이 부분의 목표를 정확히 설정해야 한다. – 자연환기와 채광을 위한 적절한 개구부의 면적계획이 중요하다.
벽체 단열 시스템	단열 계획	⊙ 단열은 부분적으로만이 아니라 전체적으로 실시하여야 하며, 특히 벽면 지붕면, 일층 바닥 및 기초부분의 단열성능을 강화해야 한다.
	단열재의 설치	⊙ 세대내의 단열재는 「건축물에너지절약설계기준」 제4조 건축부문의 의무사항을 만족해야한다.
	외단열 시스템	⊙ 단지내 모든 건축물에 외단열 시스템을 적용하여 열교 및 결로를 방지하며 기밀성능을 확보한다. ⊙ 발코니 확장시 열교 및 결로를 방지할 수 있는 구조로 설계한다. ⊙ 외단열은 확장형 발코니 기준으로 설치하는 것을 권장한다. 각 세대 최외곽 단열선(외단열)을 표시한 창호도 및 단면도를 설계도서에 첨부한다.
창호 시스템	창호 시스템	⊙ 창호의 단열성능은 벽체의 단열 성능보다는 7~8배 낮기 때문에 창호의 단열 성능을 향상시키는 것이 매우 중요한 요소이다. ⊙ 외기에 직접 면한 창호 – 외기에 직접 면한 창호 및 복도 또는 엘리베이터 코어와 같은 비공조 공간에 면한 창의 경우 $1.8\ W/m^2\cdot K$를 만족해야 한다. – 열손실과 일조 확보를 고려하여 향에 따라 20 ~ 80% 창면적비를 만족하도록 설계한다.
	이중 창호 시스템	⊙ 여름철에는 최대한 자연환기를 통해 냉방에너지를 절약하고, 겨울철에는 최대한 단열, 기밀 성능을 확보하여 난방에너지를 절약할 수 있다.
차양시스템		⊙ 차양시스템의 단면 및 표면 반사율을 조정하여 냉방부하 저감효과를 향상시킬 수 있다. ⊙ 실내에 냉방부하가 발생하는 시점(태양고도 60° ~76°)에는 직달일사의 실내 유입량을 효과적으로 차단하고 동계에는 실내로의 일사유입을 최대화하기 위해서는 가변차양의 적용이 타당하다.
기밀성능 테스트		⊙ 세대의 기밀성능 확보: 시공 후나 입주 전 건물 타입 별 / 저, 중, 고 / 동 별 대표 세대를 1세대씩 선정하여 기밀성능을 확인한다. ⊙ 외기에 직접 면한 창호의 기밀성능 확보: 창의 기밀성능은 KS F2292 창호의 기밀성 시험방법에 의해 그 성능이 1등급(통기량 $2m^3/hm^2$미만)을 만족하는 제품을 사용하여야 한다.

자연환기기법	⊙ 자연채광 및 쾌적환기를 위한 세대내 창면적 확보 – 각 실의 창면적을 바닥면적의 10% 이상으로 하여 자연채광을 적극적으로 도입한다. – 세대 내 맞통풍이 가능한 경우, 해당 실의 바닥면적에 대하여 개방 가능한 창호면적은 5% 이상으로 한다. (남북으로 맞통풍 시 남측 5%, 북측 5%를 각각 만족해야 한다.) – 공동주택 구조상 맞통풍이 어려운 경우, 각 실의 개방가능 한 창호 면적을 바닥면적의 10% 이상 확보하여 자연환기를 유도한다.

7. 친환경 건축자재 사용

친환경 건축자재 사용		⊙ 쾌적한 실내환경을 만들고, 환기로 인해 손실되는 에너지를 줄이고 나아가 거주자의 정신적, 육제적 건강을 보호할 수 있다.
환경관련 표시제도		⊙ 건축자재의 선택시 환경관련표시제를 통과한 자재를 사용하는 것이 바람직하다.
천연 / 친환경 건축자재		⊙ 주거건물에서는 많은 종류의 자재들이 복합적으로 사용되기 때문에 사용되는 자재가 근본적으로 오염물질 방출이 적은 천연 또는 친환경 자재를 사용하는 것이 좋다.
친환경 건축자재의 적용	친환경 건축자재	⊙ 환경성능에 대해 인증 받은 건축자재 적용 – 벽체(외벽 제외), 천장, 바닥에 각종 유해물질 저함유 자재를 전 세대에 적용한다. – 자재의 최대표면적은 해당부위 표면적의 최소 30%이상 적용한다. – 환경 성능에 대해 인증 받은 건축자재는 다음과 같은 인증 중 1가지 이상을 득한 자재를 말한다. (한국환경산업기술원 인증 건축자재, 환경표지(마크) 또는 R마크를 획득한 자재, 한국공기청정협회 HB 마크 자재 등 친환경 건축자재임을 증명할 수 있는 자재) – HB 마크는 폼알데하이드를 기준으로 GR마크와 유사 또는 동등 이상의 인증 등급을 선택하도록 한다. (페인트 :우수, 접착제 : 최우수) – 오염물질방출 건축자재로 고시된 품목 사용금지 (환경부고시 참조) – 유효자원 재활용을 위한 친환경 제품 9종 이상 사용한다 – 환경성능에 대해 인증 받은 건축자재는 시방서를 통해 적용여부를 확인가 받고, 이행여부는 감리자가 확인하도록 한다.
	기능성 건축자재	⊙ 실내의 습도를 조절 할 수 있는 흡·방습 성능 ⊙ 유해화학물질의 흡착·분해

<table>
<tr><td>친환경 건축자재의 적용</td><td>친환경 가구</td><td>⊙ 환경성능에 대해 인증 받은 가구 적용
– 각 세대에 시공시 설치되는 기본적인 가구(싱크대, 붙박이장 등)는 환경성능에 대해 인증 받은 자재 및 완제품으로 한다.
– 이는 시방서를 통해 적용여부를 확인 인가 받고, 이행여부는 감리자가 확인하도록 한다.</td></tr>
<tr><td colspan="2">건축폐기물의 사용 및 재활용 자재 사용</td><td>⊙ 건설폐기물의 재활용촉진에 관한 법률 제 38조, 시행령 제 4조 및 5조에 따라 당해 건설공사에 순환골재 및 순환골재를 재활용한 자재를 적극 사용한다.</td></tr>
<tr><td rowspan="2">실내 공기질 기준</td><td>실내 공기질 기준의 충족</td><td>⊙ 실내공기질 기준의 충족하도록 친환경건축자재를 사용하여야 한다.
⊙ 실내공기질 측정은 공정 시험법에 따르며, 시험과정 및 방법(밀폐상태 및 밀폐시간 등)은 감리 등이 관리 감독 할 수 있도록 한다.</td></tr>
<tr><td>실내 공기질 미확보시 조치사항</td><td>⊙ 실내공기질 조건을 충족하지 못할 경우 Bake out 또는 Flush out을 실시하며, Flush out 이후 실내공기질 재측정을 수행하여 실내공기질을 만족할 때까지 실시한다.
⊙ Flush out 조건은 최소한 청정건강주택 건설기준(국토해양부고시 제 2010-382호)에 따른다.</td></tr>
</table>

12장 GH+40 모델 설계가이드

1. 인공지반녹화

구분	내용
경량형 옥상녹화	⊙ 적용 옥상녹화의 유형으로는 경량형 옥상녹화 방식을 권장한다. ⊙ 토심 20㎝ 이하, 주로 인공경량 토양사용 및 구조적 제약이 있으며 유지관리가 어려운 기존 건축물의 옥상 등에 활용하며, 지피식물 위주로 식재되는 형태이다. ⊙ 관수, 예초, 시비 등 관리요구를 최소화가 가능하다.
벽면녹화	⊙ 옹벽, 방음벽, 건축물 벽면 등 공간별 벽면에 따른 소재를 파악하여 녹화방법을 달리한다. ⊙ 적용 벽면녹화의 유형으로는 등반형 벽면녹화 방식 또는 식물생육보조재(메쉬 또는 와이어)와 벽면내림, 플랜터설치 등이 권장된다. ⊙ 유지 및 관리를 위해 전정, 시비, 관수 등을 함께 계획·실시하여야 한다.

2. 친환경 외피성능강화

구분	내용
벽체단열시스템 성능기준	⊙ 저에너지친환경공동주택 연구적용 – GH+40(총에너지 40%절감): 0.30 W/㎡K
창호시스템 성능기준	⊙ 저에너지친환경공동주택 연구적용 – GH+40(총에너지 40%절감): 2.0 W/㎡K

기밀성능기준	⊙ 저에너지친환경공동주택 연구적용 – GH+40(총에너지 40%절감): 3.0 ACH@50pa
자연환기기법 환기량기준	⊙ 저에너지친환경공동주택 연구적용 – GH+40(총에너지 40%절감): 0.6ACH

3. 열원 설비

열원 시스템 개요

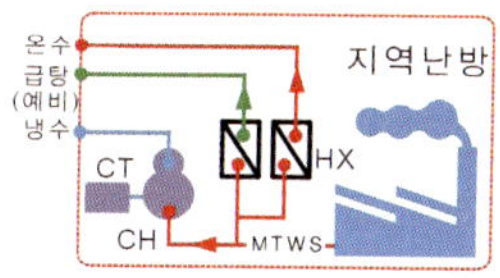

⊙ 지역난방 시스템 (난방/급탕)
- 집단에너지 사업단에서 중온수를 공급한다.
- 단지 내에서 열교환하여 난방과 급탕을 공급한다.

신재생 에너지 시스템 개요

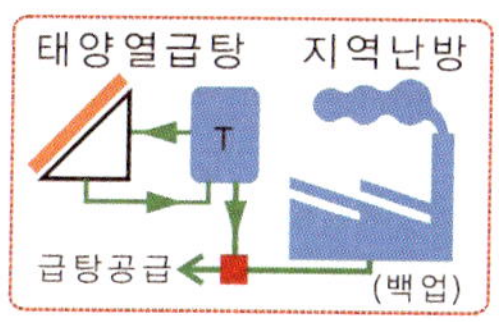

⊙ 태양열급탕 + 지역난방 시스템(백업)
- 각 세대에 태양열 급탕 시스템을 적용하여 급탕을 공급하고 기상조건에 따라 지역열원에서 급탕을 백업한다.

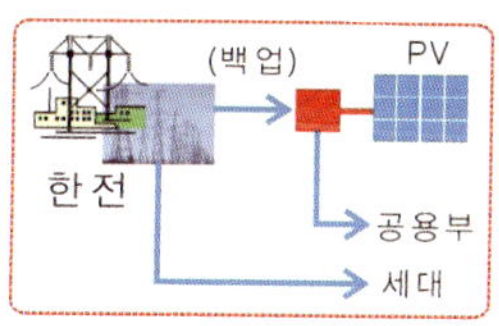

⊙ 태양전지 시스템 + 한전 일반전력 공급(백업)
- 공용부에 태양전지 시스템을 적용하여 전력을 우선공급하고 기상조건에 따라 한전전력을 백업한다.

4. 냉·난방 설비

시스템 개요

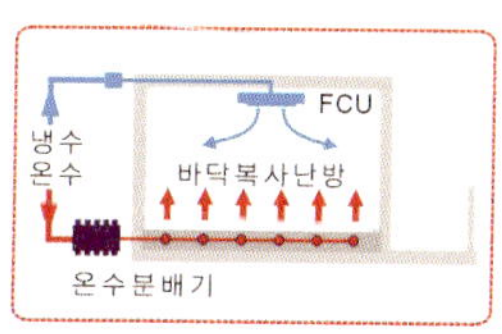

⊙ 바닥복사난방 + 천정형 FCU
- 지역난방에서 공급되는 열원으로 바닥난방을 사용한다.
- 냉동기에서 공급되는 냉수를 FCU에 공급하여 냉방한다.

5. 환기 설비

시스템 개요

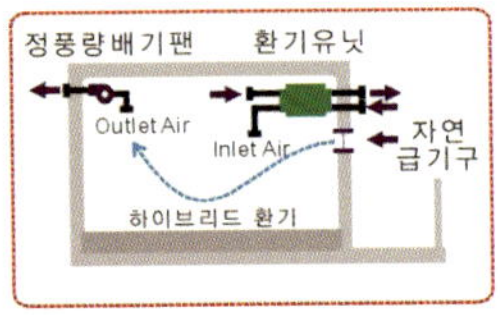

⊙ 하이브리드 환기방식
- 일반적인 환기유닛 + 자연급기구/정풍량 배기팬
- 환기횟수 0.6회 적용한다.
- 하이브리드 환기에 의한 IAQ 유지한다.

6. 위생 설비

시스템 개요

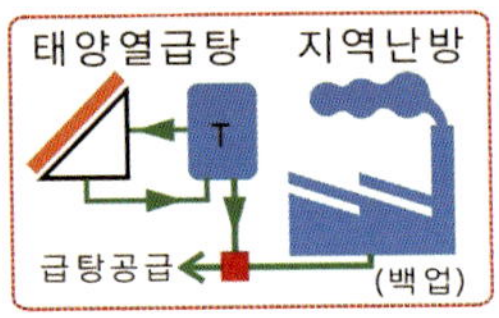

⊙ 태양열급탕 + 지역난방 시스템(백업)
- 각 세대에 태양열 급탕시스템을 적용하여 급탕을 공급하고 기상조건에 따라 지역열원에서 급탕을 백업한다.
- 순간온수기(지역난방 모사)를 적용한다.

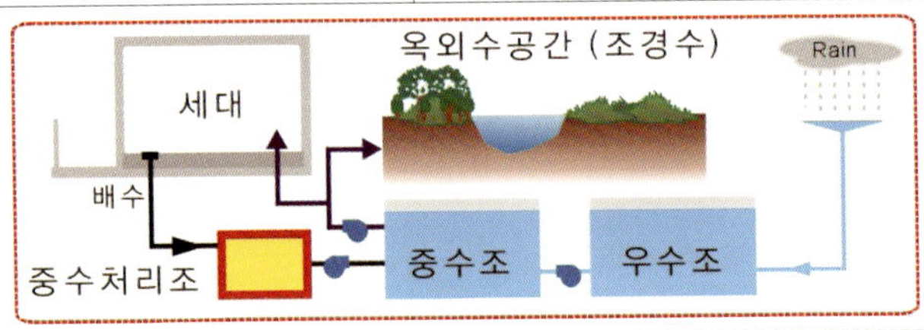

⊙ 중수 + 우수시스템
- 세대내 발생하는 배수를 집수 중수처리 후 세정용수로 사용한다.
- 지붕 및 데크부분의 우수를 차집하여 수처리 후 중수원 또는 옥외 조경용수로 재활용한다.

13장 GH+60 모델 설계가이드

1. 인공지반녹화

구분	내용
혼합형 옥상녹화	⊙ 적용 옥상녹화의 유형으로는 혼합형 옥상녹화 방식을 권장한다. ⊙ 화본류와 다년초 및 수목을 이용한 녹화유형으로 관수, 시비, 전정 등의 유지관리가 요구되는 유형이며, 어느 정도 하중부담이 따르는 기존 또는 신축건축물에 다양하게 적용가능하다.
벽면녹화	⊙ 옹벽, 방음벽, 건축물 벽면 등 공간별 벽면에 따른 소재를 파악하여 녹화방법을 달리한다. ⊙ 벽면녹화의 유형으로는 식물생육보조재 (메쉬 또는 와이어), 벽면내림, 플랜터설치 등이 권장된다. ⊙ 유지 및 관리를 위해 전정, 시비, 관수 등을 함께 계획·실시하여야 한다.

2. 친환경 외피성능강화

구분	내용
벽체단열시스템 성능기준	⊙ 저에너지친환경공동주택 연구적용 – GH+60(총에너지 60%절감): 0.20 W/㎡K
창호시스템 성능기준	⊙ 저에너지친환경공동주택 연구적용 – GH+60(총에너지 60%절감): 1.5 W/㎡K

기밀성능기준	⊙ 저에너지친환경공동주택 연구적용 – GH+60(총에너지 60%절감): 2.0 ACH@50pa
자연환기기법 환기량기준	⊙ 저에너지친환경공동주택 연구적용 – GH+60(총에너지 60%절감): 0.5ACH, 전열회수 60%

3. 열원 설비

<table>
<tr><td>열원 시스템 개요</td><td>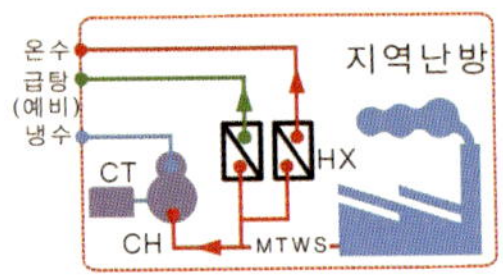
</td><td>⊙ 지역난방 시스템 (난방/급탕)
– 집단에너지 사업단에서 중온수를 공급한다.
– 단지 내에서 열교환하여 난방과 급탕을 공급한다.</td></tr>
<tr><td rowspan="2">신재생 에너지 시스템 개요</td><td>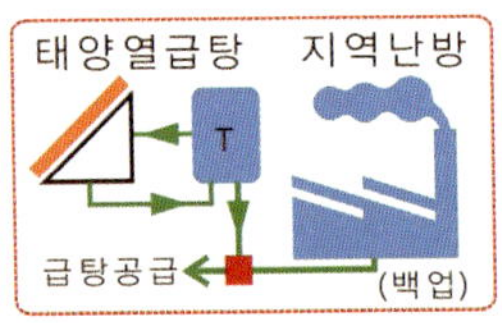
</td><td>⊙ 태양열급탕 + 지역난방 시스템(백업)
– 각 세대에 태양열 급탕시스템을 적용하여 급탕을 공급하고 기상조건에 따라 지역열원에서 급탕을 백업한다.</td></tr>
<tr><td>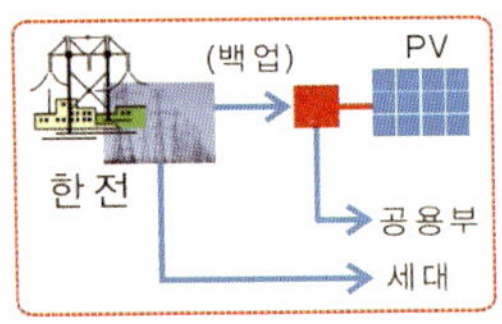
</td><td>⊙ 태양전지 시스템 + 한전 일반전력 공급(백업)
– 공용부에 태양전지 시스템을 적용하여 전력을 우선 공급하고 기상조건에 따라 한전전력을 백업한다.</td></tr>
</table>

4. 냉·난방 설비

<table>
<tr><td>시스템 개요</td><td>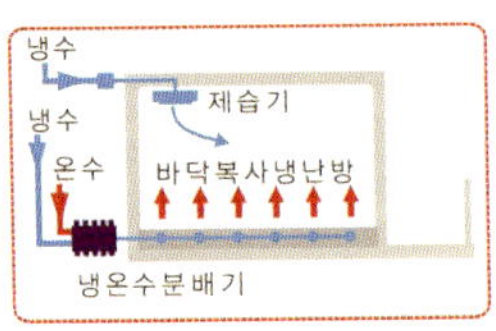
</td><td>⊙ 바닥복사 냉·난방 + 제습기 (DX)
– 중앙에서 공급되는 온수/냉수를 통한 바닥복사 냉·난방을 이용한다.
– 고온냉수/저온온수 공급
– 하절기 결로 제어를 위한 제습기 연동제어를 한다.</td></tr>
</table>

5. 환기 설비

시스템 개요

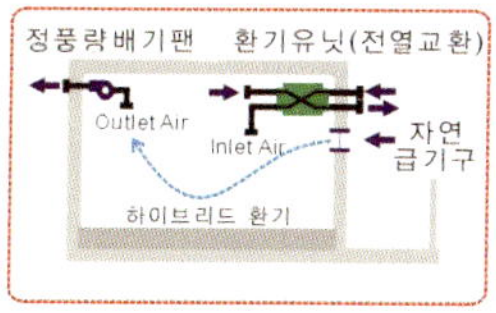

⊙ 하이브리드 환기방식
- 전열교환 환기유닛 + 자연급기구/정풍량 배기팬
- 공동주택 법정 환기회수 0.5회 적용한다.
- 하이브리드 환기에 의한 IAQ 유지한다.
- 전열교환 효율: 60%

6. 위생 설비

시스템 개요

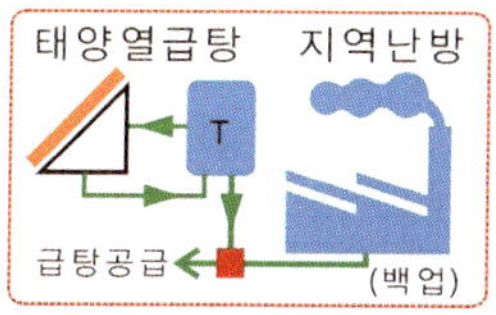

⊙ 태양열급탕 + 지역난방 시스템(백업)
- 각 세대에 태양열 급탕 시스템을 적용하여 급탕을 공급하고 기상조건에 따라 지역열원에서 급탕을 백업한다.
- 순간온수기(지역난방 모사)를 적용한다.

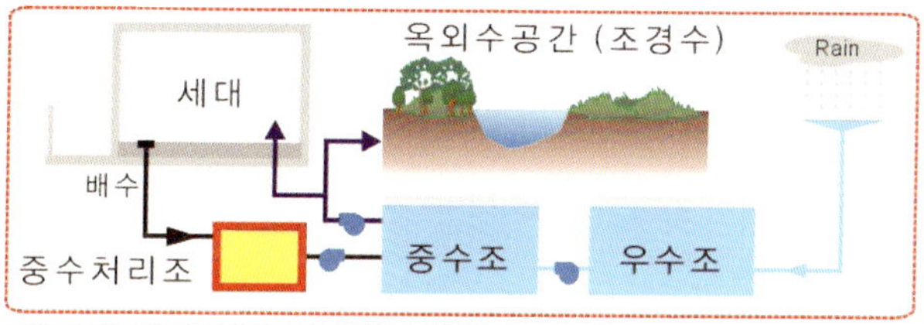

⊙ 중수 + 우수시스템
- 세대내 발생하는 배수를 집수 중수처리 후 세정용수로 사용한다.
- 지붕 및 데크부분의 우수를 차집하여 수처리 후 중수원 또는 옥외 조경용수로 재활용한다.

14장 GH+80 모델 설계가이드

1. 인공지반녹화

구분	내용
중량형 옥상녹화	⊙ 적용 옥상녹화의 유형으로는 중량형 옥상녹화 방식을 권장한다. ⊙ 토심 20cm이상, 주로 90cm~150cm이하의 토심 확보 및 구조적 문제없는 곳 적용가능하며, 지피식물, 관목, 교목을 활용한 다층 구조 식재 유형을 권장한다. ⊙ 관수, 시비, 전정 등 이용요구에 부합되는 관리가 필요하다.
벽면녹화	⊙ 옹벽, 방음벽, 건축물 벽면 등 공간별 벽면에 따른 소재를 파악하여 녹화방법을 달리한다. ⊙ 벽면녹화의 유형으로는 식재 기반형(패널형) 등과 같이 벽면표면에 토양층과 식색층이 설치되는 형태의 방식을 권장한다. ⊙ 유지 및 관리를 위해 전정, 시비, 관수 등을 함께 계획·실시하여야 한다.

2. 친환경 외피성능강화

구분	내용
열교차단시스템	⊙ 공동주택의 발코니는 단열재가 연속으로 설치되지 않아 실내의 에너지가 외부로 빠져나가 에너지 낭비 및 결로 발생의 위험이 있는데 이를 방지하기 위해 실내와 발코니를 단열재로 연결하여 건물에서 빠져나가는 에너지를 완전히 차단하는 기술이다. ⊙ 적용부위: 발코니 상하부 및 발코니 날개벽
벽체단열시스템 성능기준	⊙ 저에너지친환경공동주택 연구적용 – GH+80(총에너지 80%절감): 0.15 W/㎡K

창호시스템 성능기준	⊙ 저에너지친환경공동주택 연구적용 – GH+80(총에너지 80%절감): 1.0 W/㎡K
기밀성능기준	⊙ 저에너지친환경공동주택 연구적용 – GH+80(총에너지 80%절감): 1.0 ACH@50pa
자연환기기법 환기량기준	⊙ 저에너지친환경공동주택 연구적용 – GH+80(총에너지 80%절감): 0.4ACH, 전열회수 60%

3. 열원 설비

열원 시스템 개요	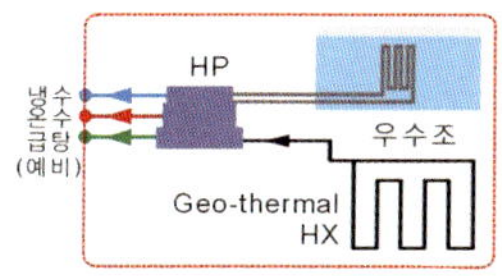	⊙ 지열냉난방 시스템 (난방/냉방/급탕) – 지열을 이용한 히트펌프 시스템으로 냉방, 난방 및 급탕을 공급하는 방식이다. ⊙ 계절별 열-밸런스를 위해 우수를 활용한다.
신재생 에너지 시스템 개요	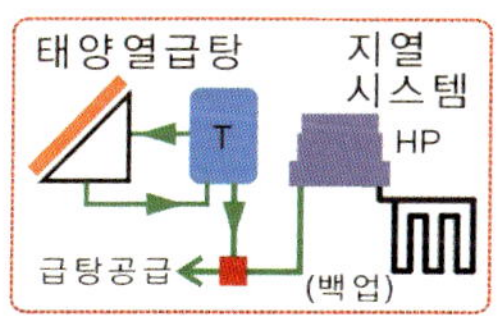	⊙ 태양열급탕 + 지역난방 시스템(백업) – 각 세대에 태양열 급탕시스템을 적용하여 급탕을 공급하고 기상조건에 따라 지역열원에서 급탕을 백업한다.
	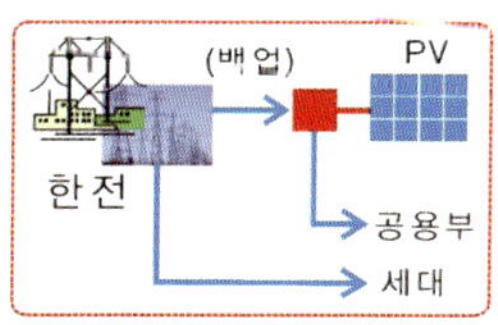	⊙ 태양전지 시스템 + 한전 일반전력 공급(백업) – 세대와 공용부에 태양전지 시스템을 적용하여 전력을 우선 공급하고 기상조건에 따라 한전전력을 백업한다.

4. 냉·난방 설비

시스템 개요

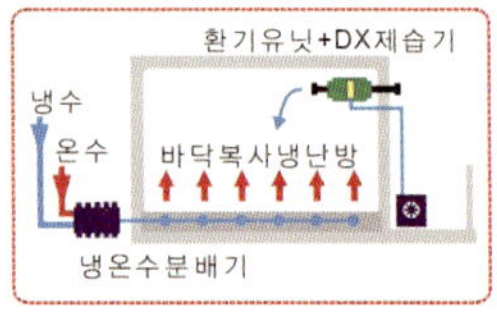

⊙ 바닥복사 냉·난방 + 제습기 (DX)
- 중앙에서 공급되는 온수/냉수를 통한 바닥복사 냉·난방을 한다.
- 고온냉수/저온 온수를 공급한다.
- 하절기 결로 제어를 위한 제습기 연동제어 및 환기유닛을 통합한다.

5. 환기 설비

시스템 개요

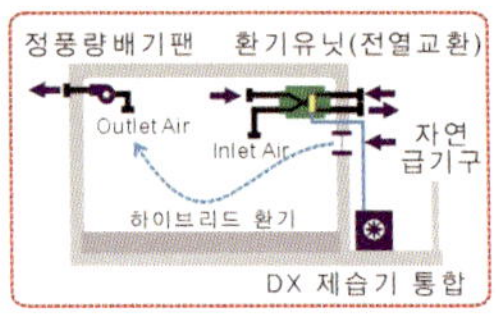

⊙ 하이브리드 환기방식
- 전열교환 환기유닛 + 자연급기구/정풍량 배기팬
- 공동주택 법정 환기회수 0.4회 적용한다.
- 하이브리드 환기에 의한 IAQ 유지한다.
- 전열교환 효율: 60%
- DX 제습유닛과 통합구성한다.

6. 위생 설비

시스템 개요

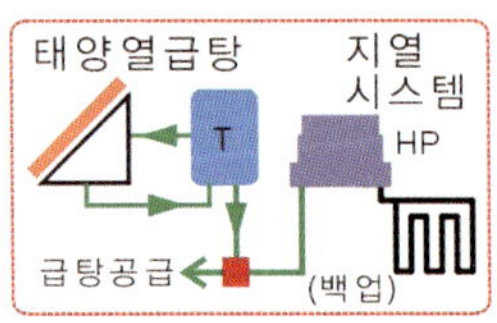

⊙ 태양열급탕 + 지열 시스템(백업)
- 각 세대에 태양열집열 시스템을 적용하여 급탕을 공급하고 기상조건에 따라 지열시스템에서 급탕을 백업한다.

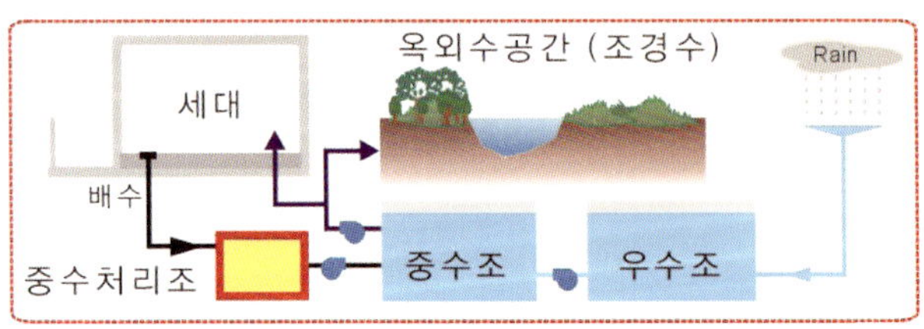

시스템 개요	⊙ 중수 + 우수시스템 – 세대내 발생하는 배수를 집수 중수처리 후 세정용수로 사용한다. – 지붕 및 데크부분의 우수를 차집하여 수처리 후 중수원 또는 옥외 조경용수로 재활용한다.

7. 조명/전력 설비

시스템 개요	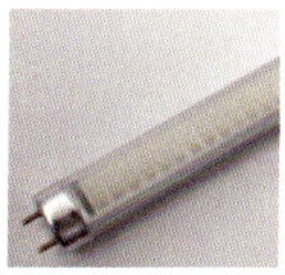 LED 조명	⊙ 고효율 LED 전등기구 – 조도 및 전력효율이 우수한 LED 전등기구를 적용한다.
	 일괄소등 스위치	⊙ 대기전력 차단 장치 – 사용하지 않는 가전기구가 대기모드일 때 전원을 차단하여 전기 에너지를 절감한다. ⊙ 일괄소등 스위치 – 사용하지 않을 때 내부의 전등을 한꺼번에 소등하여 에너지를 절감한다.

15장 GH+100 모델 설계가이드

1. 인공지반녹화

구분	내용
중량형 옥상녹화	⊙ 적용 옥상녹화의 유형으로는 중량형 옥상녹화 방식을 권장한다. ⊙ 토심 20㎝이상, 주로 90㎝~150㎝이하의 토심 확보 및 구조적 문제없는 곳 적용가능하며, 지피식물, 관목, 교목을 활용한 다층 구조 식재 유형을 권장한다. ⊙ 관수, 시비, 전정 등 이용요구에 부합되는 관리가 필요하다.
경사지붕녹화	⊙ 경사지붕의 경우 풍압 및 강우, 일사 등의 기상조건이 일반적인 평지붕보다 열악한 상황에서 조성가능하나, 급속한 배수가 이루어져 상부 식생기반 생장에 필요한 수분 확보가 곤란하다. ⊙ 고층건물 옥상부에서 발생 가능한 풍압에 의한 녹화토양 및 식물의 비산의 방지할 수 있는 시설의 설치가 필요하며, 저수기능 강화와 방근성능 일체화를 고려한 유닛형태 패널방식이 사용권장된다.
벽면녹화	⊙ 옹벽, 방음벽, 건축물 벽면 등 공간별 벽면에 따른 소재를 파악하여 녹화방법을 달리한다. ⊙ 벽면녹화의 유형으로는 식재 기반형(패널형) 등과 같이 벽면표면에 토양층과 식색층이 설치되는 형태의 방식을 권장한다. ⊙ 유지 및 관리를 위해 전정, 시비, 관수 등을 함께 계획·실시하여야 한다.

2. 친환경 외피성능강화

항목	내용
열교차단시스템	⊙ 공동주택의 발코니는 단열재가 연속으로 설치되지 않아 실내의 에너지가 외부로 빠져나가 에너지 낭비 및 결로 발생의 위험이 있는데 이를 방지하기 위해 실내와 발코니를 단열재로 연결하여 건물에서 빠져나가는 에너지를 완전히 차단하는 기술이다. ⊙ 적용부위 : 발코니 상하부 및 발코니 날개벽
진공단열재	⊙ 단열재 내부를 진공상태로 유지하여 손실되는 에너지를 차단한 고성능 단열시스템을 이용한다. ⊙ 기존 단열재 대비 약 7배 단열성능이다. ⊙ 기존 건물 대비 단열재 두께 70% 감소로 실제 유효면적 증가한다.
벽체단열시스템 성능기준	⊙ 저에너지친환경공동주택 연구적용 – GH+100(총에너지 100%절감): 0.08 W/㎡K
창호시스템 성능기준	⊙ 저에너지친환경공동주택 연구적용 – GH+100(총에너지 100%절감): 0.8 W/㎡K
기밀성능기준	⊙ 저에너지친환경공동주택 연구적용 – GH+100(총에너지 100%절감): 1.0 ACH@50paa
자연환기기법 환기량기준	⊙ 저에너지친환경공동주택 연구적용 – GH+100(총에너지 100%절감): 0.4ACH, 전열회수 65%

3. 열원 설비

항목	그림	내용
열원 시스템 개요	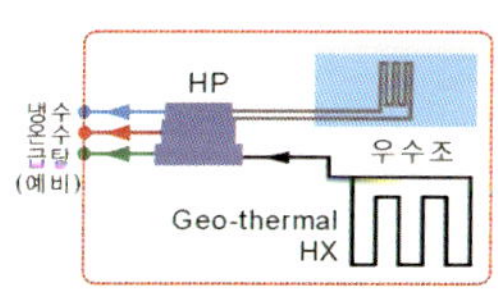	⊙ 지열냉난방 시스템 (난방/냉방/급탕) – 지열을 이용한 히트펌프 시스템으로 냉방,난방 및 급탕을 공급하는 방식이다. ⊙ 계절별 열–밸런스를 위해 우수활용
신재생 에너지 시스템 개요	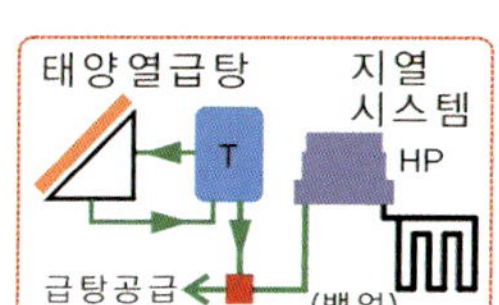	⊙ 태양열급탕 + 지역난방 시스템(백업) – 각 세대에 태양열집열 시스템을 적용하여 급탕을 공급하고 기상조건에 따라 지역열원에서 급탕을 백업한다.

신재생 에너지 시스템 개요	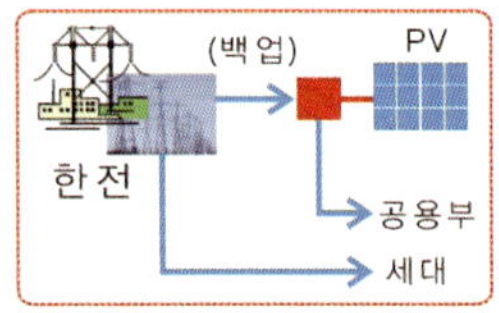	⊙ 태양전지 시스템 + 한전 일반전력 공급(백업) – 세대와 공용부에 태양전지 시스템을 적용하여 전력을 우선 공급하고 기상조건에 따라 한전전력을 백업한다.

4. 냉·난방 설비

시스템 개요	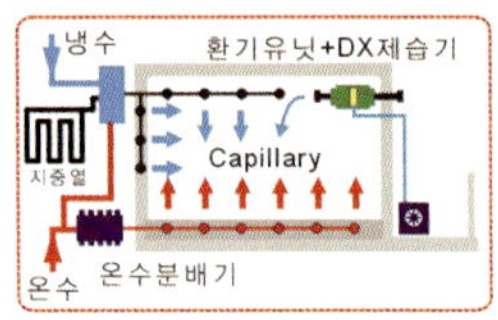	⊙ 복사 냉·난방(capillary tube) + 제습기 – 중앙에서 공급되는 온수/냉수를 통한 복사 냉·난방을 한다. – 지중열교환만을 통한 자연냉수를 공급한다. – 하절기 결로 제어를 위한 제습기 연동제어 및 환기유닛을 통합한다.

5. 환기 설비

시스템 개요	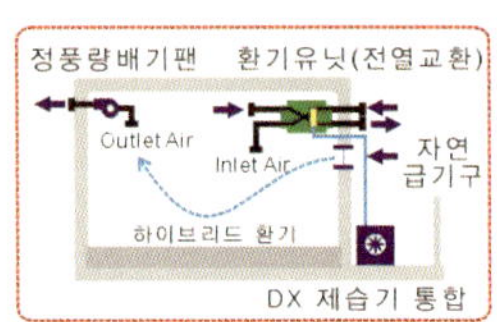	⊙ 하이브리드 환기방식 – 전열교환 환기유닛 + 자연급기구 / 정풍량 배기팬 – 공동주택 법정 환기회수 0.4회 적용한다. – 하이브리드 환기에 의한 IAQ 유지한다. – 전열교환 효율: 65% – DX 제습유닛과 통합구성한다.

6. 위생 설비

시스템 개요	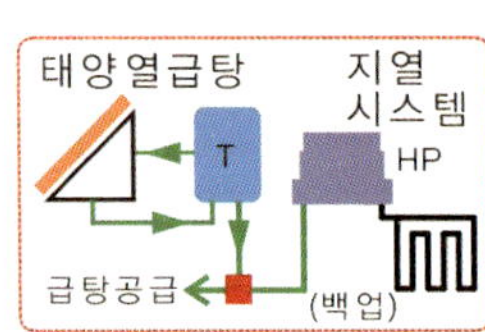	⊙ 태양열급탕 + 지열 시스템(백업) – 각 세대에 태양열 급탕 시스템을 적용하여 급탕을 공급하고 기상조건에 따라 지열시스템에서 급탕을 백업한다.

시스템 개요	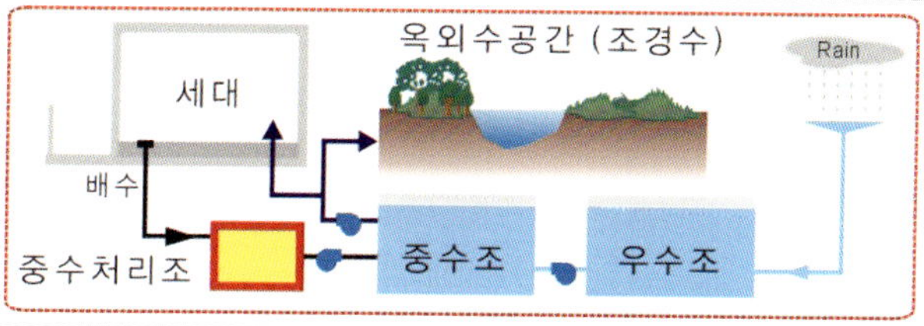 ⊙ 중수 + 우수시스템 – 세대내 발생하는 배수를 집수 중수처리 후 세정용수로 사용한다. – 지붕 및 데크부분의 우수를 차집하여 수처리 후 중수원 또는 옥외 조경용수로 재활용한다.

7. 조명/전력 설비

시스템 개요	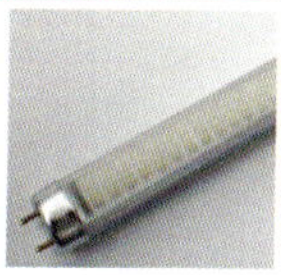 LED 조명	⊙ 고효율 LED 전등기구 – 조도 및 전력효율이 우수한 LED 전등기구를 적용한다.
	 일괄소등 스위치	⊙ 대기전력 차단 장치 – 사용하지 않는 가전기구가 대기모드일 때 전원을 차단하여 전기 에너지를 절감한다. ⊙ 일괄소등 스위치 – 사용하지 않을 때 내부의 전등을 한꺼번에 소등하여 에너지를 절감한다.

PART 5

저에너지 친환경 공동주택 시공매뉴얼

저에너지 친환경 공동주택 모델구축 및 적용성 평가팀(2-2세부)
대림산업(주)

16장 저에너지 친환경 공동주택 시공매뉴얼 소개

1. 시공매뉴얼 목적 및 구성

지구온난화와 고유가로 인해 요즘 산업계의 세계적인 화두는 탄소중립 및 저에너지친환경 건축분야로 관심이 집중되고 있다. 건축물의 에너지소비는 타산업과 달리 인간의 쾌적한 환경창출을 위해 사용되어지고 사라져 버리며, 일반제조품과 달리 내구연한(life span)이 50년 이상 되므로 에너지 절약설계가 반영되지 않은 건물의 경우 그 파급효과는 매우 크다.

이미 영국에서는 2016년부터 모든 신축주택은 제로에너지 또는 탄소제로주택으로 건립하도록 결정하였으며, 2019년 초부터는 유럽연합으로 확대 시행하여 이때부터는 EU 국가내 모든 신축건물은 제로에너지 탄소제로건물로 건립되어야 한다. 미국의 경우도 2020년에 제로에너지주택, 2025년에 제로에너지상업건물의 상용화를 선언하였다. 앞으로 불과 10년 내에 이러한 제도가 시행 정착될 예정이며, 우리나라의 경우 2017년부터 패시브하우스가 건축기준으로 자리 잡을 것으로 보이며, 2025년부터는 제로에너지 하우스가 구현될 예정이다.

[표 1.1]은 독일 신축건물에 대한 성능시나리오이며, 이 기준은 EU 국가들의 기준으로 자리 잡을 전망이다.

이러한 시대상황을 비추어 볼 때, 현재까지 저에너지 건축물을 구현할 수 있는 시공기준 및 시공매뉴얼이 없는 실정이며, 그 필요성은 날로 증가할 전망이다. 본 시공매뉴얼은 저에너지 건축 구현에 필수 요소기술 중 비용대비 에너지저감에 민감도가 큰 건물부하저감 기술 중심으로 외단열시스템, 고성능창호시스템, 열교방지시스템, 기밀화, 신재생에너지(지열시스템)의 5개 부문으로 구성하였다.

[표 1.1] 독일 신축건물 성능 시나리오

부 위	단 위	1980년	1995년	2010년	2020년	2030년	2050년
Wall	U[W/㎡K]	0.24	0.16	0.12	0.10	0.08	0.06
Roof	U[W/㎡K]	0.20	0.14	0.10	0.08	0.06	0.05
Floor	U[W/㎡K]	0.24	0.16	0.12	0.10	0.08	0.06
Window	Ug[W/㎡K]	1.80	0.70	0.60	0.50	0.45	0.40
	Uf[W/㎡K]	1.80	0.80	0.70	0.60	0.55	0.50
	g-value	60%	50%	52%	55%	55%	58%
Door	Uw[W/㎡K]	2.60	0.85	0.75	0.60	0.40	0.30
Thermal bridges	ΔU_{WB}[W/㎡K]	0.05	0	-0.007	-0.007	-0.007	-0.007
Air-tight	n50[1/h]	1.5	0.6	0.6	0.4	0.3	0.2
Ventilation	efficiency	65%	80%	85%	90%	92%	95%
	[W/㎥]Elec. efficiency	0.8	0.45	0.4	0.35	0.3	0.27

17장 외단열시공기술

1. 외단열 시공기술 개요

1.1 정의

외단열 시스템은 조적조나 콘크리트조 등의 구조체 내부에 단열처리를 대신해 벽면에 접착제를 도포하고 단열재를 점착, 바름재(후레쉬 몰탈) 시공 후 유리섬유를 함침하여 교차 시공한 후 바름재를 색상과 질감을 표현해 마감하는 시공법으로 단열과 마감공사를 일괄적으로 시행하는 시공법을 의미한다.

1.2 특징

외단열 시스템은 별도의 단열과 방수시공이 필요 없어 냉난방비와 유지관리비를 절감 할 수 있다. 이로 인해 공기도 단축할 수 있으며, 30%이상의 에너지 절감 및 방수/방습/균열방지 효과가 있다. 외벽에 균열이 생길 경우도 보수가 용이하다.

1.3 적용범위

일반주택, 공동주택, 상업시설 등 초고층 건물을 제외하고는 적용범위에 제한이 없으며, 특히 리모델링 건물적용시 공사 중에도 건물사용이 가능한 이점이 있다.

2. 외단열 시공기술 본문

2.1 외단열시스템 현황

2.1.1 현재 외단열시스템의 문제점

적정하고 검증된 자재 미사용 및 제대로 된 시공방법의 무시로, 단열성능 저하, 탈락, 변색, 백화, 부실화, 파손 등 문제가 발생할 수도 있다.

2.1.2 문제해결 방안

외단열 시스템과 시공방법에 대한 기준이 필요하다.

2.2 설치요구사항

2.2.1 납품 및 저장

제조업체의 이름, 상표명, 자재에 대한 설명을 기록한 밀봉된 포장대로 현장 납품한다. 자재는 제조업체의 권장사항에 따라 깨끗하고 건조하며 환기가 잘되는 위치에 지반에서 이격시켜 저장시킨다. 저장된 자재는 비, 햇빛, 그리고 과도한 열로부터 보호한다. 보관온도는 최저4°C(40° F) 이상, 최고 섭씨 30°C 이고 단열판은 불꽃이나 다른 발화요인들에 노출시키지 않는다.

2.2.2 환경조건

환경조건은 적절한 보호조치가 제공되지 않는 한, 악천후시 자재를 준비하거나 EIFS를 시공하지 않는다. 설치된 자재들은 건조될 때 까지 악천후로부터 보호해야하고 보조난방이 제공되지 않는 한, 벽포함 주변온도가 4°C 이상일 경우에만 시공한다. 그리고 시공 후 최소 24시간 동안 이 온도를 유지할 수 있도록 보호되어야 한다. 동시에 단열판은 시공 후 과도한 햇빛에 노출되지 않도록 하여야한다.

2.2.3 보증

EIFS(Exterior Insulation Finish System : 외단열 미감)에 대한 제조업체의 표준보증서를 제공해야한다. 보증은 법적으로 유효해야 하며 준공일로부터 5년 이상을 보증하여야한다.

2.3 시공방법

2.3.1 준비

가 하지면 검사

- 시공에 적합한 하지면은 콘크리트 또는 조적벽이다.
- 콘크리트는 최소 28일 이상 양생되어야하며, 표면은 견고하여야 한다.
- 하지면은 깨끗하고, 건조하고, 페인트가 칠해있지 않고, 구조적으로 튼튼해야한다.

- 접착에 영향을 줄 수 있는 도장재, 촉진재, 기름기 및 돌출부 등이 없어야 한다.
- 바탕은 3m의 직선자로 수직, 수평에 대하여 6mm이상 오차가 없이 평활해야 한다.
- 결함이 발견되면 담당자에게 통지하며, 결함이 시정될 때까지 시공을 하지 않는다.

나. 표면 바탕처리

- EIFS의 시공을 위한 평활도의 허용치 및 표면바탕에 부합하도록 표면을 준비한다.
- 표면에 기름 등 이물질 및 돌출부 등이 없도록 표면을 깨끗하게 한다.
- 기존의 열악한 도막부분은 제거 되어야한다.
- 피-프라이머(P-Primer)를 바탕면에 도포한다.
- EIFS가 시공되지 않는 인접부위를 보호하기 위하여 마스킹테이프 등으로 보양한다.

다. 비계발판 설치

- 비계발판과 하지면과의 간격은 최소 30cm로 하되, 시공되는 EPS보드의 두께 등 외단열 시스템의 총 두께 등을 고려하여 간격을 조정한다.

2.3.2 시공순서

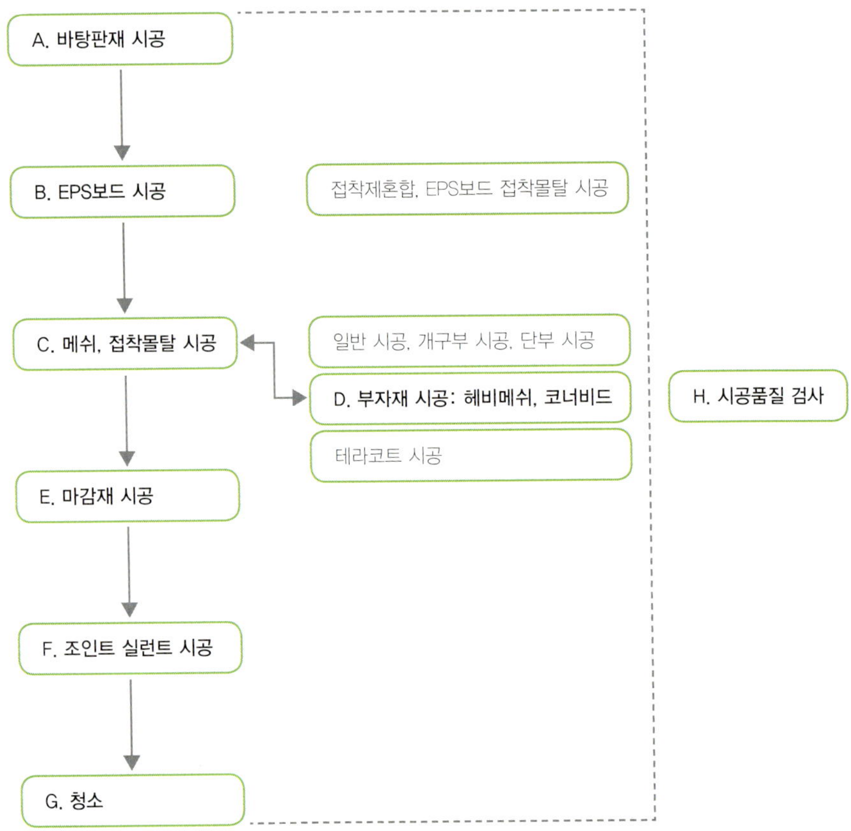

가. 바탕재 시공

바탕재 시공

1) 핀재의 가장자리 및 끝부분은 전체적으로 평평하게 한다.
2) 통줄눈이 되지 않도록 맞대이음을 시킨다.
3) 벽체의 개구부와 바탕판재 줄눈을 일치시키지 않아야 한다.
4) 바탕지지대는 수직 및 수평 조인트에 설치한다.
5) 바탕판재는 메탈스터드에는 셀프테핑 건식벽용 스크류로 부착시킨다.
6) Con'c 또는 조적면은 부식방지 처리된 금속 앵커를 부착시킨다.
7) 앵커는 바탕판재의 하중을 견딜 수 있도록 충분히 가까운 거리로 시공하되 스터드에서 최대 200mm 이내로 시공하고, Con'c, 조적 하지면에는 가로, 세로로 최대 300mm이내로 시공한다.
8) 앵커는 풍압으로 인한 문제를 방지하기 위해 가능한 가깝게 설치한다.

※ 바탕판재는 설계상에 바탕판재가 있는 경우 시공한다. 일반적으로 외단열은 콘크리트/조적면에 시공한다.

나. EPS(Expanded Poly-Styrene : 스티로폼) 보드 부착

접착제 혼합

1) 모래, 규사, 속경제, 방냉제, 촉진제 등 어떠한 첨가제도 첨가하지 않는다.
2) 접착제는 직사광선을 피하고, 깨끗하고 건조한 곳에 보관한다.
3) 보관 혹은 운송 중 자재 분리될 수 있으므로, 시멘트와 믹싱전 스치로본드 원액을 1~2분간 충분히 믹싱한다. 분말타입 1K 사용시 3), 4) 생략.
4) 접착제는 현장에서 제품, 시멘트, 물의 비율을 무게기준으로 1:1:0.03 으로 한다.
5) 물은 상수도물 사용을 기준으로 한다.
6) 핸드믹서기 (400~500rpm)로 3~5분을 섞어 완전 반죽형태가 되도록 한다. 과도한 믹싱은 제품을 손상시켜 시공상에 하자를 유발시킬 수 있다.
7) 믹싱 후 약 5분간 숙성시킨 후 재믹싱하여 사용한다.
8) 믹싱한 제품은 1시간 이내에 사용하고 접착몰탈의 표면조건에 따라 재믹싱 한다.
9) 만약 스치로본드 접착몰탈이 처음 믹싱시의 접착몰탈과 다르면 사용하지 않는다.

EPS보드 위에 접착 몰탈시공

1) EPS 보드의 공급 표준사이즈는 0.6m X 1.2m 이다.
2) 리본/댑 방식을 사용한다.

EPS보드 위에 접착 몰탈시공

3) 스테인레스 흙손을 이용하여 접착몰탈을 EPS보드 테두리에 폭 50mm, 두께 최소 10mm의 띠 형태로 바른다. 두께는 현장여건에 따르며, 일반적으로 20~25mm정도 올린다.
4) 다음으로 8개의 접착몰탈 덩어리를 중앙부에 올린다. 덩어리는 직경 100mm, 두께 최소 10mm의 크기로 중앙부에 2줄로 한쪽에 각 4덩어리씩 총 8덩어리를 만든다. (두께는 현장여건에 따르며, 일반적으로 20~25mm정도 올린다.)
5) 접착몰탈 바른 후, 곧 접착작업을 시작한다.

※ 스트립방식
- 설계상 스트립방식 접착몰탈 요구가 있는 경우 시공한다.
- 깊이 10mm 요철 흙손을 사용한다.
- 접착몰탈을 EPS보드 배면부 전체에 긴 모서리에 수직으로 줄눈에 생기도록 도포한다. 접착몰탈의 두께는 10mm가 되도록 한다.

[그림 2.1] 상: spot method(리본/댑 방식), 하: 스트립방식

EPS보드 설치하기

1) EPS보드를 하지면에 평행하게 위치시킨다.
2) EPS보드를 긴모서리가 수평이 되도록하여 시공한다.
3) EPS보드를 부드럽게 하지면에 누른 다음 밀어서 제위치시킨다.
4) 하지면과의 균일한 접촉 및 초기접착력을 위하여 EPS보드 전면을 강하게 눌러준다.

5) 마진흙손을 이용하여 단열보드 끝부분에 돌출되어있는 접착몰탈을 제거한다. EPS보드 조인트는 빈틈없게 붙어있도록 하고 표면은 균일하고 평평하여야 한다. 접착몰탈이 보드조인트에 남아있지 않도록 한다.
6) 보드 부착후 최소 24시간 이상 비, 동결 및 악천후로부터 보호해주며, 보드의 움직임이 없어야 한다.

EPS보드 설치하기

7) 보드 조인트에 1.5mm이상 빈틈이생기면보드를 얇게 썬편조각으로 간격을 메워 주어야 한다. 편조각에는 접착제를 바르지 않는다.
8) EPS보드 표면과 조인트 부분에 1.5mm이상 편차가 있으면, 샌더기로 평탄하게 갈아준다.
9) 수직조인트는 통줄눈이 안되도록 어긋나게 시공하고,
10) 코너부위는 보드가 맞물리게 설치되어야 한다.
11) 바탕판재 위에 단열판을 시공할 경우 EPS보드의 이음줄눈은 바탕판재의 이음줄눈과 적어도 200mm이상 서로 엇갈리게 하여야한다.

※ 창호 등 개구부시공 및 단부백랩핑시공시, 별도의 시공지침 참조(개구부 시공, 단부 시공 참조)

창문, 문, 기계장치 등 모든 개구부 (Wall Penetrations)

1) 외단열 시공 전에 개구부를 보양한다.
2) EPS보드 시공전 개구부의 둘레에 백랩핑 디테일 메쉬를 붙인다.
3) 백랩핑 디테일메쉬는 EPS보드 부착 후 감아 올려 앞면에서 최소 200mm 이상 되도록 충분히 여유를 둔다.
4) EPS보드를 붙인다. 단열보드의 수직, 수평 조인트 부분이 개구부 코너에 일치하지 않도록 모서리에는 L-형의 EPS 보드를 사용한다.
5) 완전부착을 위하여 EPS보드 부착 후 최소 24시간 양생시킨다.
6) 미리 부착한 백랩핑 디테일메쉬를 EPS보드위에 감아올려 부착시킨다.
7) 백랩핑 디테일 메쉬는 본메쉬 시공전에 탈락이 안되게 스치로본드 접착몰탈로 완벽하게 접착시킨다.
8) EPS 보드 위에 수평, 수직 모서리가 만나는 코너에는 200mm X 300mm 이상 디테일메쉬를 대각선 방향으로 부착한다.

9) 벽체부분과 EPS보드의 움직임 차이, 적정한 시스템 모서리 준비 및 실런트 설치를 할 수 있도록 창문틀, 문틀이나 기계장치 부분으로부터 EPS보드의 뒤를 접착제 등으로 반드시 고정시킨다.

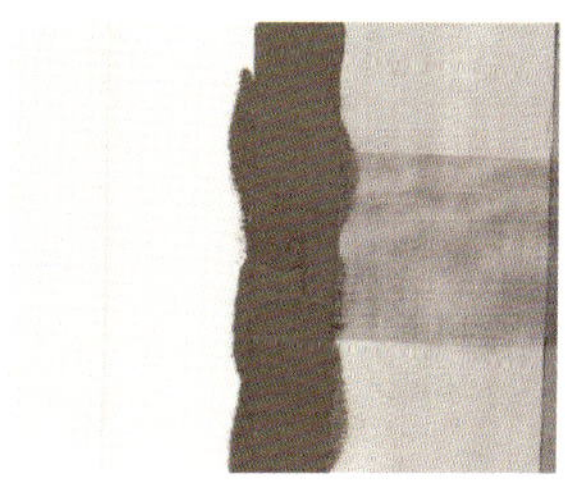

단부시공	1) 외단열시스템의 모든 종결부를 백랩핑(뒷면에서부터 메쉬를 감아 올리는 것)하여 접착몰탈에 백랩핑된 디테일메쉬가 감싸지도록 한다. 2) 백랩핑메쉬폭: 벽면접착부위(최소 60mm이상, 100mm정도) + 접착제두께(약 10mm) + EPS보드두께 + 200mm이상(단부이격 최소 200mm) 3) 단부하지면(벽면)에 메쉬를 접착한다. 다수의 백랩핑메쉬가 사용 될 경우 60mm이상 겹치게 시공한다. 4) 백랩핑메쉬 시공 후 EPS보드를 접착한다. 5) EPS보드가 완전히 접착될 수 있도록 최소 24시간 이상 양생시킨다. 6) EPS보드 부착 시공 후 최소 24시간 이상 비, 동결 및 악천후로부터 보호해 주어야 한다. 7) 백랩핑메쉬를 감아올릴 측면 앞면부위에 메쉬부위보다 조금 넓게 접착몰탈을 시공한다. 8) 즉시 백랩핑메쉬를 시공한다. 9) 일반 보강메쉬를 기시공된 백랩핑메쉬와 60mm이상 겹치도록 시공하며, 단부 앞면 꺽기기 전 10mm부분까지 일반메쉬가 오도록 시공한다.

다. 메쉬, 접착몰탈시공

준 비	1) EPS보드 부착 후 최소 24시간 이상 양생시켜 완전부착 후 메쉬와 접착몰탈 시공을 한다. 2) EPS보드의 모든 불규칙한 부분은 샌딩으로 평평하게 만들어야 한다. 3) 샌딩은 가볍게 원을 그리는 모습으로 수행한다. 4) 샌딩시 EPS보드의 조인트와 같은 방향이 되지 않게 한다. 5) 샌딩은 손, 전기 혹은 에어로 20그리트(방)이상 샌드페이퍼를 이용하거나, EPS보드 전용 스크래핑을 이용한다. 6) 에어콤프레서를 이용하여 샌딩작업 중에 생긴 먼지나 EPS보드 조각들을 제거한다.

시 공	1) 스테인레스 흙손으로 접착몰탈을 EPS보드 면에 4mm 두께로 균일하게 시공한다. 2) 최소한의 접착몰탈 두께는 메쉬가 완전히 함침 될 수 있도록 충분해야한다. 3) 접착몰탈 위에 즉시 메쉬를 접착시공 한다. 4) 볼록하게 휜메쉬부분을 벽에 반대로 놓고 가운데서 모서리로 미장하는 방식으로 흙손 작업을 하여 주름이 없도록 하고 메쉬가 완전히 함침하여 안 보이도록 한다. 5) 외단열시스템의 모든 종결부분은 메쉬를 EPS보드 뒤에서 부터 감아 올려 감싸야 한다(백래핑메쉬). 6) 단열보드를 뒤에서부터 감싸 올린 사전에 시공된 모든 디테일메쉬는 이때 베이스코트에 함침 되어야 한다. 백랩핑 디테일과 연속 메쉬미장 작업 중 메쉬의 조인트부위는 사전에 시공한 메쉬와 최소 60mm이상 겹쳐 시공되도록 한다.

시 공

7) 단부 및 코너에서 200mm이내로부터 새로운 메쉬를 시공해서는 안 된다.
8) 저층을 위한 헤비메쉬(백색) 시공이나 코너를 보호하기 위한 코너비드 시공을 위해서는 부자재 시공법을 참조한다.
9) 헤비메쉬를 시공하고 그 위에 표준메쉬를 시공한다.
10) 코너와 모서리부분을 위한 마감손질은 젖은 작은 브러쉬의 가벼운 터치로 불규칙부분을 없앤다.
11) 접착몰탈은 24시간 혹은 건조시까지 양생되도록 한다.

라. 부자재설치 : 헤비메쉬, 코너비드, 스타트트랙

헤비메쉬

1) 헤비메쉬는 차량 및 사람의 통행이 빈번한 1층 부위에 시공을 한다.
2) 시공도면 및 시공계획서를 참조한다.
3) 스테인레스 흙손으로 접착몰탈을 두께 3mm로 균일하게 헤비메쉬의 길이 및 폭보다 조금 크게 EPS보드의 전체 표면에 도포한다.
4) 이후 즉시 베이스코트에 헤비메쉬를 부착 시공한다.
5) 메쉬의 휘어진 부분을 벽에 마주보게 (휜 부분이 벽에 안 닿게) 놓고 흙손으로 중앙에서 모서리 쪽으로 주름이 안 생기게 문질러 준다. 메쉬는 스치로본드에 완전히 함침 되어 보이지 말아야한다.
6) 헤비메쉬는 겹치게 시공하지 않으며 단부가 서로 맞닿게 시공한다.
7) 수분침투 및 물길이 나지 않도록 완벽하게 시공한다.
8) 표준메쉬 시공하기 전에 헤비메쉬가 시공된 면이 최소 24시간이상 양생되어야한다.
9) 표준메쉬를 헤비메쉬 시공된 미장면 위에 시공한다.

코너비드

1) 시공도면 및 시공계획서를 참조한다.
2) 메쉬달린 PVC코너비드를 사용한다.
3) 코너비드 시공시, 스테인레스 흙손을 이용하여 EPS보드 코너표면에 코너비드가 시공될 면적보다 조금 넓게 접착몰탈을 시공한다.
4) 즉시 코너비드를 젖은 상태의 접착몰탈 미장면 위에 시공한다.
5) 표준메쉬를 코너비드 시공된 위에 시공한다.
6) 코너 부분 마감 손질은 젖은 작은 브러쉬의 가벼운 터치로 불규칙부분을 없앤다.

스타트 트랙 설치	1) 스타트 트랙 시공시 지면에서 최소 15cm이상 이격하여 시공한다. 2) 먹줄이나 테이프 등을 이용하여 수평라인을 만든다. 3) 수평 라인에 맞추어 스타트 트랙 고정 시공시, 앵커 간격은 30~50cm 로 한다. 4) 하지면 굴곡이 50mm이상일 경우, 하지면과 스타트 트랙 사이에 하드 PVC로 간격을 매운다. 5) 배면에 접착제를 바른 EPS보드를 스타트 트랙 안에 끼워 넣으면서 벽면에 부착시킨다. 6) 스타트 트랙 폭이 접착제 두께+EPS보드 두께 보다 5mm이상 큰 경우, 하드 PVC로 폭을 조정한다. 7) 접착몰탈 미장은 스타트 트랙 앞면부 아래 단부 끝까지 하며, 하지면 측의 스타트 트랙 조인트 부위도 충분한 양으로 매워준다. 8) 메쉬는 앞면부 단부까지 덮되, 단부 끝으로 메쉬가 드러나지 않도록 한다. 9) 메쉬미장 양생후, 마감재시공을 한다.  

마. 마감재 시공

준 비	1) 마감재를 시공하기 전에 메쉬미장은 24시간 이상 양생 건조시킨다. 2) 마감재를 시공하기 전에 모든 불규칙한 부위들을 수정하고 모든 백화부위를 제거한다. 3) 작업한계선까지 연속시공 가능하도록 충분한 인력과 비계를 설치한다.(조인트 자국주의) 4) 비계자국을 피하기 위해서는 비계를 벽면에서 최소 300mm 이상 간격을 두어야 한다. 5) 깨끗한 시공자재를 준비하여 올바른 시공품질이 나오도록 한다.

시 공	1) 마감재를 핸드드릴(400~500rpm)로 균일하고 동질의 품질이 유지 될 때까지 믹싱해 준다. 2) 마감재는 자연적인 마감선(코너, 익스팬션 조인트, 디자인 조인트, 테이프 라인 등)까지 습윤한 마감상태에서 연속시공 되어야 한다(조인트 자국 방지). 3) 조인트실런트가 시공되는 부위는 접착몰탈과 이질재 사이의 폭이 13mm 이상 되도록, 마감재가 단부의 접착몰탈 표면을 덮지 않도록 시공한다.

시 공

4) 표면질감은 승인된 샘플과 일치되도록 시공되어야 한다.
5) 전체적으로 균일한 마감 질감을 위하여 동일한 도구와 손동작으로 시공한다.
6) 가능한 한 동일한 뱃치번호(동일 Lot제품)의 마감재를 공급한다.
7) 무더우면서 바람부는 날씨에는 깨끗한 물로 벽면을 식혀준다.
8) 비오는 날에는 시공을 피한다.
9) 시공 후 건조시까지 최소한 24시간이상 악천후로부터 보호해준다.

바. 조인트 실런트 시공

유의사항

1) 접착몰탈에만 실런트를 시공한다.
2) 마감재에는 실런트를 시공하지 않는다.

바탕표면처리, 백업재 (backer rod) 및 프라이머

1) EIFS 마감이 충분히 건조된 후, 실런트를 시공한다.
2) 시공 전에 즉시 조인트로부터 이물질을 제거한다.
3) 조인트는 건조하고 도막재, 마감재, 또는 다른 이물질이 없도록 하여야 하며 틈새에 백업재를 설치한다.
4) 백업재는 폐쇄기공형 폴리에틸렌 셀을 사용하며, 백업재의 지름은 조인트의 폭보다 최소 25%이상 되어야한다.
5) 동일 메이커가 추천하는 프라이머(primer)를 시공한다.
6) 조인트의 폭은 도면에 기초하되 반드시 테두리실(seals)은 13mm (1/2 인치), 익스펜션 조인트는 20mm(3/4인치) 이상이여야 한다.
7) 폭은 예상되는 움직임의 폭보다 4배 이상이여야 한다. (설계도면에 따름).
8) 적절한 폭과 깊이의 비율에 대하여 실런트 제조업체의 권장사항을 점검한다.

실런트(sealant) 시공

1) 조인트폭에 적합한 노즐이 있는 실런트 gun으로 실런트 업체의 지침서에 따라 씰런트를 시공한다.
2) 저장기간이 경과되었거나 연속적으로 사출할 수 없는 실런트는 사용하지 않는다.
3) 실런트의 면 접착 폭은 6mm~12mm범위 내로 한다.

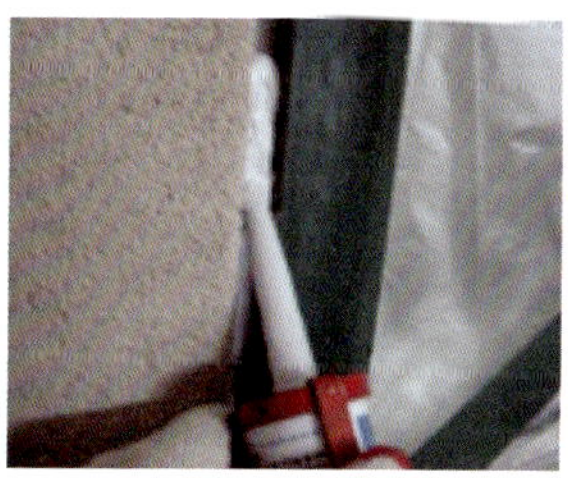

실런트(sealant) 시공	4) 전체 접착면이 조인트의 양면에 접착되어 기포(air pockets)가 안 생기도록 건을 조인트 부위에 밀착 시공하여 완벽하게 채워지도록 한다. 5) 실런트가 접착되는 면은 이질재 – 메쉬 미장면 – 백업재가 되도록 한다. 6) 움푹 들어가고 균일하며 주름이 지지 않는 실런트 표면이 되도록 둥근 실런트 시공도구(그루브)를 가지고 실런트를 다듬는다. 7) 비누, 물, 기타 액체도구를 가지고 조인트를 다듬어서는 안 된다. 8) 악천후에는 실런트 시공이 완료 될 때까지 조인트를 보호한다. 9) 과도하게 시공된 실런트를 제거하여 모든 표면을 깨끗이 한다.

사. 청소

유의사항	1) 시공 완료되면 모든 비계 기구, 자재 및 쓰레기를 현장에서 제거한다. 2) 외단열 시공을 위하여 설치된 모든 임시 보호물들을 제거한다.

아. 시공품질 검사

현장 품질관리	1) 전체 공사기간 동안 시공자는 계약 요구사항들에 따라 설치된 EIFS의 적합성을 보증하기 위하여 검사절차를 수립하고 계속 유지관리 하여야 한다. 2) 계약조건과 일치하지 않는 작업은 승인된 방법에 따라 철거 재시공 하거나 수정하여야 한다. 3) 실런트를 포함한 모든 재료의 반입 승인으로부터 실런트의 시공 그리고 완공까지의 검사절차는 제조업체로부터 훈련을 받은 자격을 갖춘 검사담당자에 의하여 이행되어야 한다. 4) EIFS의 작업은 검사담당자가 현장에 없을시 시공하지 않아야 한다.

제3자 검사자	1) 검사부터 청소까지 EIFS 시공공정 동안 전담으로 하는 제3자 시공감독관에 의해 관리 되어야 한다. 2) 제3자 검사자는 EDI, AWCI 혹은 동등 수준의 독립기관에 의하여 승인 받아야하며 EIFS의 적정한 교육을 이수 하여야 한다. 3) 시공을 하는 동안 전공사 기간 및 공사완료시 체크리스트의 적용항목들은 반드시 검사를 이행한다. 4) 검사자는 모든 검사 적용항목 각각에 서명 및 날짜를 기입하고 담당관에게 제출한다.

18장 고기밀시공기술

1. 고기밀시공기술 개요

1.1 정의

1.1.1 기밀성능(Airtightness)

기밀성능이란 건물에서 실내·외로 들어오고 나가는 공기를 막아주는 정도를 말한다. 이 때, 실내로 들어오는 공기를 침기라고 하고 실외로 빠져나가는 공기를 누기라고 한다. 침기/누기란 건물의 틈새를 통한 의도하지 않은 공기의 유입과 유출로 실내·외의 온도차 및 건물 주변의 바람 등 외부의 물리적 조건에 의해 자연발생적으로 생기는 압력차에 의해 야기되며, 다음 그림과 같이 건물의 다양한 부위에서 발생한다.

1.1.2 고기밀 시공기술

고기밀 시공기술은 건축물 실내외에서의 의도되지 않은 공기의 유동관한 것으로, 통상 50 Pa 내외의 가압 및 감압 조건에서 환기회수로 건축물의 기밀성능을 효과적으로 차단하기 위한 방안으로 기밀화 구획신 설정 및 부위별 기밀시공방안에 을 평가한다.

1.2 목적

1.2.1 냉난방에너지 소비량 저감

건물의 에너지 절약을 위해서는 건물 냉난방부하와 에너지 소비에 직접적인 관련이 있는 외피를 통한 열손실을 줄이는 것이 무엇보다도 중요하며, 건물의 열손실을 최소화하기 위해서는 건물외피의 정밀한 단열시공과 창호 등 개구부의 틈새나 균열 등을 통한 외기침입

방지 및 실내공기의 누기방지 등이 매우 중요한 부분을 차지한다.

[그림 1.1] 건물에서의 침기/누기 위치

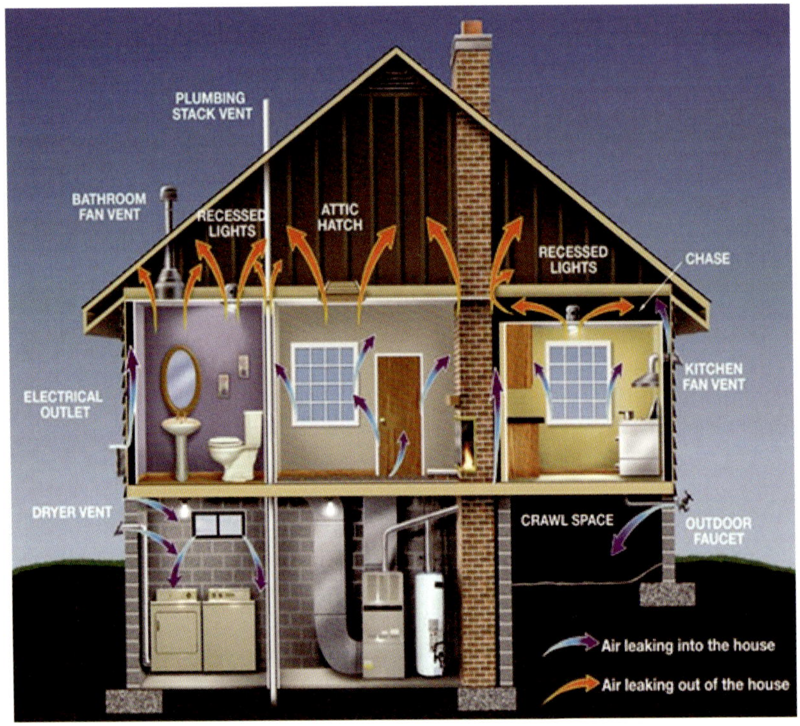

1.2.2 고기밀 시공의 효과

고기밀 시공기술의 확보를 통해 고층 건축물에서의 연돌현상 저감에도 효과적으로 대응할 수 있으며, 이를 통해 층간 냉난방 불균형, 화재확산방지, 승강기 오작동 및 기류소음 발생 억제 등에도 효과적이다.

1.2.3 적용범위

본 기술은 시공단계에서 건물을 기밀화 하기 위한 방안을 제시하고자 기밀화 시공을 위한 재료의 종류별 특징에 대해서 알아보고 기밀화 시공 체크리스트와 연계하여 기밀화 시공 시 활용할 수 있는 기밀화 시공방안을 도출하였다. 개구부의 기밀화 시공방안으로 계단실문, 구획문, 기계실문, 방풍실문, 설비 샤프트 점검구, 세대 창호, 세대 현관문, 실외기실문, 엘리베이터 전실문, 엘리베이터문, 외부 출입문에 대한 방안을 포함하였고, 구조체의 기밀화 시공방안은 내벽과 바닥 접합부, 설비 배관/덕트 관통부, 엘리베이터 승강장 측 코어

벽, 외피와 바닥 접합부, 창호 프레임과 벽 접합부에 대한 시공 방안을 포함하였다. 기밀화 시공방안에는 기밀화가 필요한 주요부위와 방법과 유의사항 등이 포함되며, 상세부위 별로 적합한 시공 예와 부적합한 시공 예를 제시하였다.

1.2.4 용어설명

ACH50	서로 다른 크기의 건물에서 측정된 기밀도를 비교하기 위해서는 50Pa에서의 환기율(air change rate per hour)을 비교하면 된다. 50Pa에서의 환기율(ACH50)을 구하기 위해서는 CFM50을 60(분)으로 곱한 후 건물의 체적으로 나누면 된다. ACH50은 건물의 외피에 50Pa의 압력이 작용하고 있을 때 실내 공기가 몇 번 환기 되는지를 나타낸다.
가압/감압법 (pressurization/ depressurization method)	가압/감압법(pressurization/depressurization method)은 실내·외의 압력차를 임의상태로 유지시킨 후, 그에 따른 기류량 변화를 측정하여 건물의 기밀도를 측정하는 방법으로, 주로 블로어 도어(blower door)등을 이용하여 단위 실 혹은 주호 전체를 대상으로 기밀도를 측정한다. 가압/감압법으로 건물의 기밀도를 측정할 때에는 일반적으로 압력차를 10Pa에서부터 60Pa 또는 그 이상의 압력차에 걸쳐서 5~10Pa 간격으로 압력차를 증가시키면서 각 압력차에서의 침기/누기량을 측정한다. 이 압력차는 바람의 영향으로 자연적으로 발생하는 압력차보다는 훨씬 큰 압력차로 기상상태의 영향을 감소시켜주어 측정의 정확도를 높일 수 있다.

[그림 1.2] 개구부의 기밀도 측정 방법 및 측정시스템

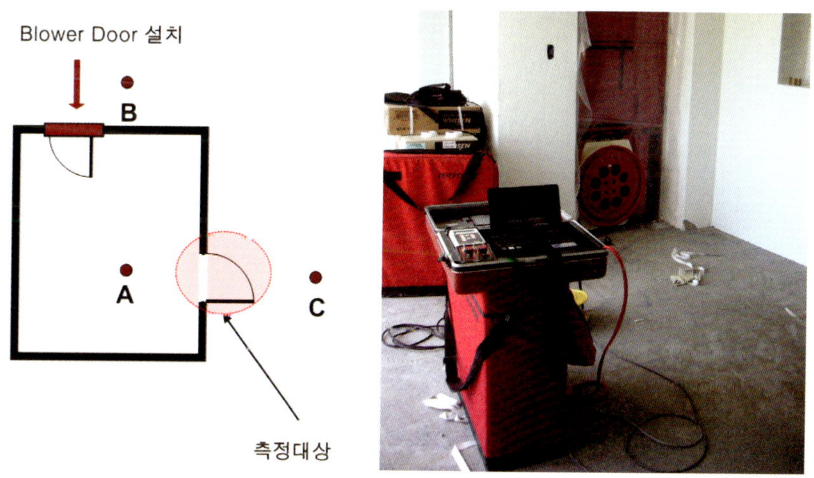

2. 고기밀시공기술 본문

2.1 원리

[그림 2.1] 고기밀 시공원리

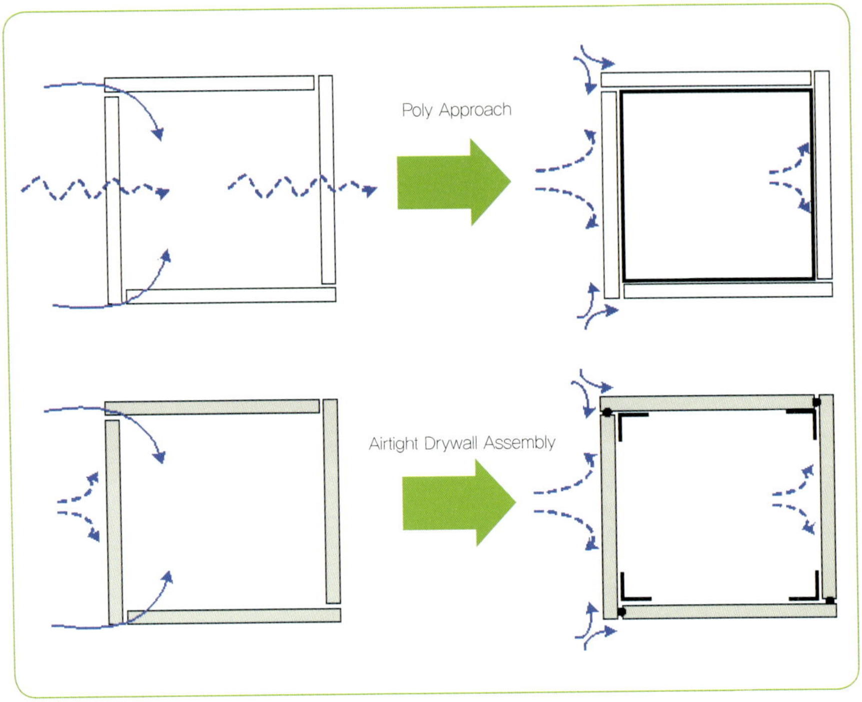

2.1.1 고기밀 시공

고기밀 시공은 사전 설계단계에서 수평적, 수직적 기밀화 구획이 우선되어야 하며(25층 이상의 고층 건축물에 대해서는 기밀화 구획과 관련하여 기밀전문가와 사전협의 필요), 시공단계에서의 부위별 기밀화 원리는 Poly Approach와 Airtight Drywall Assembly로 구분할 수 있다.

2.1.2 고기밀 시공

고기밀 시공는 기밀화 하고자 하는 공간을 폴리에틸렌과 같은 재료를 이용하여 막을 형성하는 방법으로, 건물 전체를 한 번에 둘러싸는 것이 가장 효과적인 방법이지만 시공 상 어려움이 있기 때문에 일반적으로 부분별로 막 재료를 부착하고 재료를 서로 기밀하게 접합하는 방법으로 시공된다.

2.1.3 Airtight Drywall Assembly 방법

Airtight Drywall Assembly 방법은 벽체나 바닥과 같은 구조체간의 접합부에 기밀한 재료를 부칙하여 재료간의 틈새에서의 공기유동을 차단하는 방법이다. 건물의 외피나 바닥, 그리고 벽과 같은 각 부재 자체는 공기유동을 차단하는 기밀성능을 가지고 있기 때문에, 부재 간의 접합부를 기밀화 하여 여러 부재를 일체화시키는 방법으로써 air barrier를 형성할 수 있다.

2.2 기밀화 시공재료

2.2.1 개구부의 기밀시공 재료

건물 내 기능상 필요한 개구부를 효과적으로 기밀화 하는 방법으로 weather-strip을 부착하는 방법이 있다. weather-strip은 문이나 창문과 같은 개구부를 기밀화 하기위해 사용되며 저렴하고 설치가 간단하여 건물에서의 에너지 손실을 저감시키기 위한 효과적인 방법으로 알려져 있다. Weather-strip은 설치 목적과 부위에 따라 적절한 종류를 선택해야하며 대표적인 weather-strip용 재료는 다음과 같다.

가. strip

strip은 문이나 창문을 막아 실내를 기밀화 하기위해 사용된다. 그에 따라 다양한 형태가 있으며 다양한 재료로 만들어 진다. 그 중 어떤 종류의 경우는 문과 창문에 동시에 사용할 수 있는 종류도 있으며 어떤 재료들은 그렇지 않은 경우도 있다. strip의 대표적인 종류로는 V-strip, felt, strip on attachment(pile or fin) 등이 있다.

나. gasket

gasket의 종류로는 felt, foam, adhesives, rubber adhesive, foam on attachment strip 등이 있다.

다. tape

창틀의 바닥이나 상부의 문틀이나 사용하지 않는 창문 등에 사용하며 고르지 못한 금이나 코너부분을 막는데 효과적이다. 설치가 용이하나 미관상 좋지 않으며 제거 후에 테이프 자국이 생기는 단점이 있다. 반면에 비용이 저렴하고 내구성은 1년 정도이다.

라. door sweep

door sweep은 문 아래나 평평한 문지방에 공기가 새어 나가는 것을 막기 위해 사용된다. door sweep은 설치하기가 쉬우며 카펫이나 러그에 잘 걸린다. 그리고 door sweep이 기성제품이 아닐 경우, 문의 모서리에 1/16 inch로 맞게 잘라야 하며, 어떤 door sweep은 문의 내부 모서리에 맞춰서 만들어지는 반면에 바깥모서리에 맞춰서 만들어지는 것도 있다. 따라서 설치 이전에 제조회사에 대한 검토가 요구된다.

2.2.2 구조체 기밀시공 시공재료

건물 구조체에서 부재간의 접합부에서 발생하는 틈새를 기밀화 하기 위해서는 특수한 물질로 틈새를 채우고 기밀한 재료를 추가로 부착하는 방법이 효과적이다. 틈새를 채우는 데에는 실런트(Sealant)가 주로 사용된다.

가. 실런트(Sealant)

실런트는 각종 접합부나 갈라진 틈에 대한 수밀, 기밀을 유지하기 위하여 충진되는 물질을 말하며, 이는 어느 정도 강도 및 탄성을 가지고 부재를 고정시켜 건축물의 내구성을 증진시키는 목적으로 사용된다. 충진할 때의 형태에 따라 부정형 재료와 개스킷과 같은 정형재료로 나누어지는데 여기서는 앞의 weather-strip 부분의 개스킷 재료와 구분하여 부정형 재료의 실런트만을 다루었다. 실런트는 부재와 부재를 연속시킬 수 있어야 하므로 경화성과 부착성이 우수해야 하며, 경화된 후에도 접합부의 움직임에 파열 또는 박리 되지 않도록 탄성을 지니고 있어야 한다. 또한 외부 기후 조건에 부식되지 않도록 내구성이 우수해야 한다. 기존 연구에서 조사되어진 커튼월에 사용되는 실런트의 종류와 용도는 [표 2.1]과 같다.

[표 2.1] 거동이 발생하는 줄눈에 사용하는 탄성 실런트의 용도[1]

<table>
<tr><th colspan="3">실런트의 종류</th><th>2성분형 실리콘계</th><th>2성분형 변성 실리콘계</th><th>2성분형 변성 실리콘계</th><th>2성분형 폴리 우레탄계</th><th>2성분형 아크릴 우레탄계</th></tr>
<tr><td colspan="3">주요용도</td><td>고층건물의 커튼월</td><td>중·고층 건물의 커튼월</td><td>석재, 타일의 줄눈/ 중·저층 건물의 PC 커튼월</td><td>RC 조의 줄눈, RC조 Sash 주변 벽식 PC</td><td>중저층의 PC 커튼월 RC조 샷시 주변</td></tr>
<tr><td rowspan="10">부위 · 용도별 적합 여부</td><td colspan="2">2차 방수용</td><td colspan="3">사용가능 하지만 고가임</td><td></td><td>고가</td></tr>
<tr><td colspan="2">내장용</td><td>○</td><td>○</td><td>○</td><td>○</td><td>○</td></tr>
<tr><td rowspan="8">외장 · 변형이 작은 줄눈</td><td>ALC 판</td><td>△</td><td>○</td><td>△</td><td>○</td><td>○</td></tr>
<tr><td>석면판</td><td></td><td>○</td><td>○</td><td>○</td><td>○</td></tr>
<tr><td>석 재</td><td>×</td><td></td><td>○</td><td>×</td><td>△</td></tr>
<tr><td>타 일</td><td></td><td>○</td><td>○</td><td>○</td><td>△</td></tr>
<tr><td>유리 주변</td><td>○</td><td>×</td><td>△</td><td>×</td><td>×</td></tr>
<tr><td>RC조 이음부</td><td colspan="3">사용가능 하지만 고가임</td><td>△</td><td>△</td></tr>
<tr><td>금속재료</td><td>○</td><td>○</td><td>△</td><td>△</td><td>△</td></tr>
<tr><td>RC조 Sash 주변</td><td>△</td><td>○</td><td>○</td><td>○</td><td>○</td></tr>
</table>

1) 국토해양부, (http://www.codil.or.kr/)

부위·용도별 적합 여부	외장·변형이 작은 줄눈	Panel식 PC Curtain Wall의 판 사이	○	○	○	△	○
		기둥, 보형PC Curtain Wall의 판 사이	○	○	○	△	○
		Panel식 금속PC Curtain Wall의 판 사이	○	○	×	×	△
		Muliont식 금속PC Curtain Wall의 판 사이	○	×	×	×	×
		두겁대	○	△	×	×	×
미장 오염 등 외장적 성능			석재를 쉽게 오염 시킴	오염되기 쉬움	석재의 페놀 오염에 주의, 오염되기 쉬움	오염되기 쉬움	오염되기 쉬움

○ : 특별한 문제가 없으며 사용실적이 많음
△ : 조건에 따라 사용 가능하지만 사용실적이 많지 않음
× : 적용불가

나. Air Barrier System

일반적으로 air barrier는 폴리에틸렌 필름과 같이 벽, 지붕, 커튼월 패널 등에서 막을 형성하는 재료와 실런트(sealant)나 개스킷과 같은 기밀화 마감을 위해 접합부에 사용되는 재료로 구성되며, 이러한 각 구성요소들의 연속성을 유지시키는 것이 ABS의 기밀성능을 높이는 가장 필수적인 요소라고 할 수 있다.

건물에서 공기유동을 효과적으로 차단하기 위해서는 기밀화 하고자 하는 공간 전체를 플라스틱 시트와 같은 재료로 한 번에 둘러싸는 것이 가장 좋은 방법이다. 그러나 이 방법은 실제 건물에 적용하는 것은 불가능하기 때문에 ABS 재료를 분리시킨 후 재료를 연속적으로 겹쳐서 연결하고 이 부위를 기밀하게 접합하는 방법으로 ABS가 시공되며 앞에서 언급한 바와 같이 Poly Approach와 Airtight Drywall Assembly의 방법이 있다.[2]

Poly Approach는 건물을 폴리에틸렌과 같은 재료로 감싸서 막을 형성하여 침기를 막는 방법이고 Airtight Drywall Assembly는 벽과 바닥 등과 같은 구조체의 접합부를 기밀하게 시공하여 공기유동을 차단하는 방법이다.

2) Oikos Green Building Source. (http://oikos.com/library/airsealing/other_approaches.html)

[표 2.2] 접합부에 쓰이는 재료

종 류		장 점	단 점
gasket	open cell gasket		⊙ 기밀성능이 떨어진다.
	EPDM gap gasket	⊙ 기밀성능이 우수하다. ⊙ 안정성(stability)이 우수하다.	⊙ 시공 시 접합부 끝단에서 기밀도가 약해질 우려가 있다.
sealant	acrylic based sealant	⊙ 낮은 온도에서는 노후화의 우려 없다.	⊙ 높은 온도에서는 노후화가 급속히 진행된다.
	silicone based sealant	⊙ ABS의 접합부에 쓰이는 재료로 우수한 성능을 보인다.	
backer rod		⊙ 기밀성능이 우수하다.	⊙ 오랜 시간이 경과하면 수축하여 내구성이 떨어진다.
adhesive tape		⊙ ABS의 접합부에 쓰이는 재료로 우수한 성능을 보인다.	
urethane foam		⊙ 작은 접합부나 틈새 등에 사용하기에 용이하다.	

2.3 부위별 시공 디테일

2.3.1 개구부 기밀시공 디테일

가. 계단실문/방화문

기밀화 방안

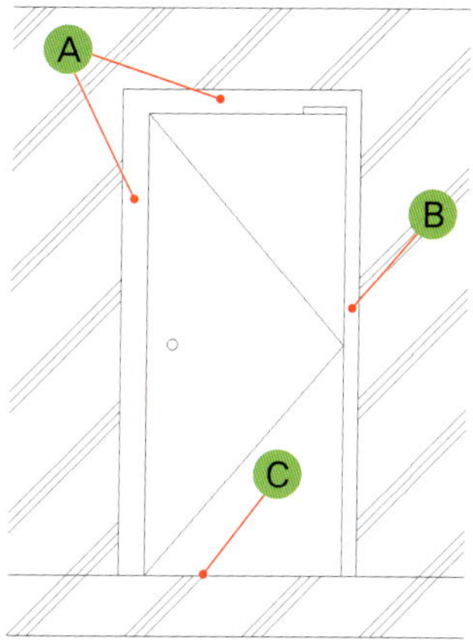

- 계단실 문의 문짝과 프레임이 만나는 부위에 weather-strip을 부착하여 기밀화 한다.
- 계단실 문의 유격 거리(문이 닫혔을 때 문짝의 헐거운 정도)를 작게 한다.

[유의사항]

- weather-strip이 쉽게 떨어지지 않도록 견고하게 부착한다.
- weather-strip의 끝단이 만나는 부위를 기밀하게 처리하여 weather-strip이 연속적으로 이어지도록 시공하는 것이 중요하다.
- 내구성이 좋고 수명이 긴 종류의 weather- strip을 선정해야 한다.

A부위	B부위	C부위
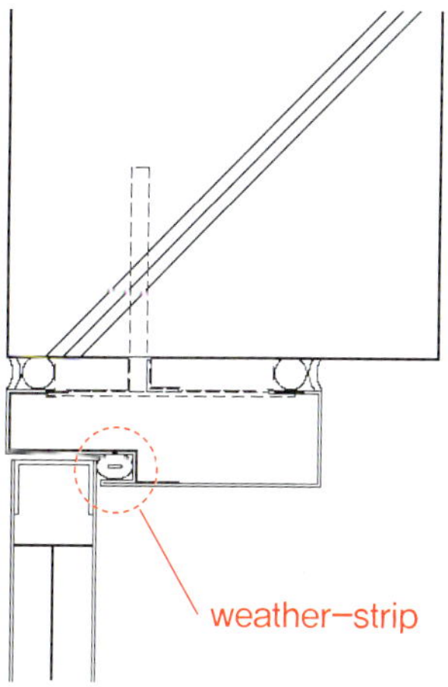	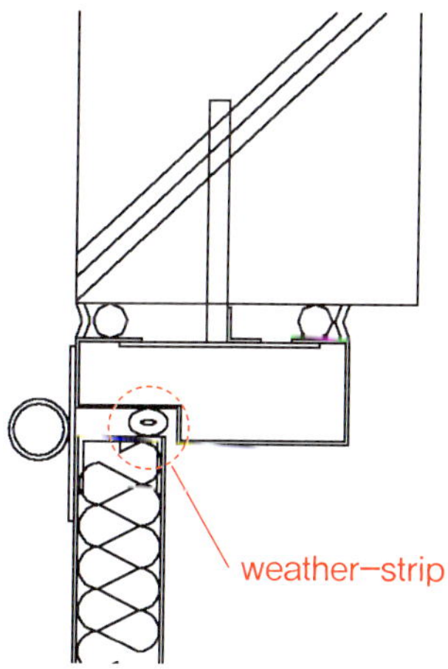	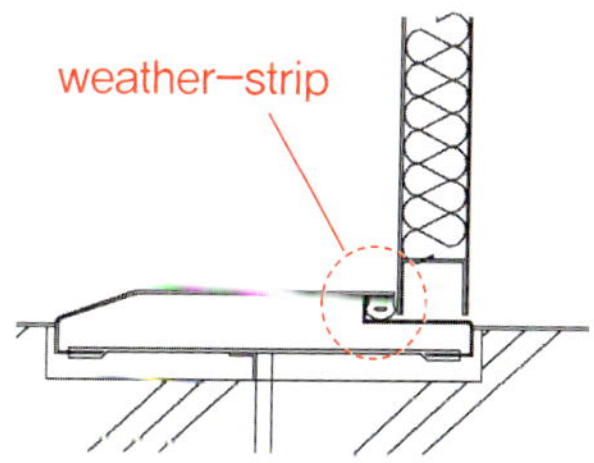

나. 구획분

기밀화 방안

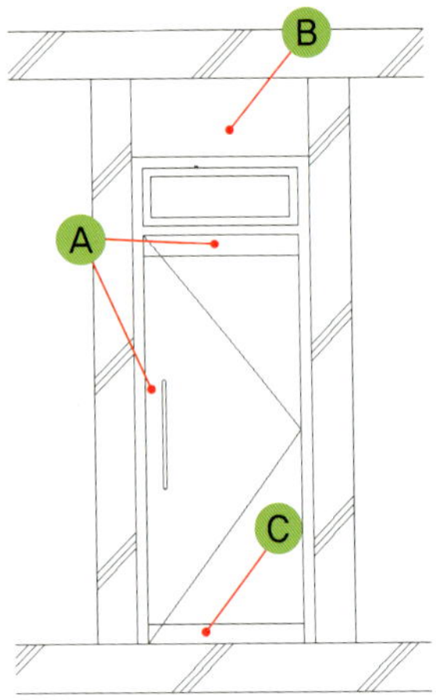

- 구획문의 문짝과 프레임이 만나는 부위에 weather -strip을 부착하여 기밀화 한다.
- 구획문의 유격 거리(문이 닫혔을 때 문짝의 헐거운 정도)를 작게 한다.
- 구획문의 상단 플래넘 부분에 패널을 설치하여 기밀화 한다.

[유의사항]

- weather-strip이 쉽게 떨어지지 않도록 견고하게 부착한다.
- weather-strip의 끝단이 만나는 부위를 기밀하게 처리하여 weather-strip이 연속적으로 이어지도록 시공하는 것이 중요하다.
- 내구성이 좋고 수명이 긴 종류의 weather-strip을 선정해야 한다.

A부위	B부위	C부위
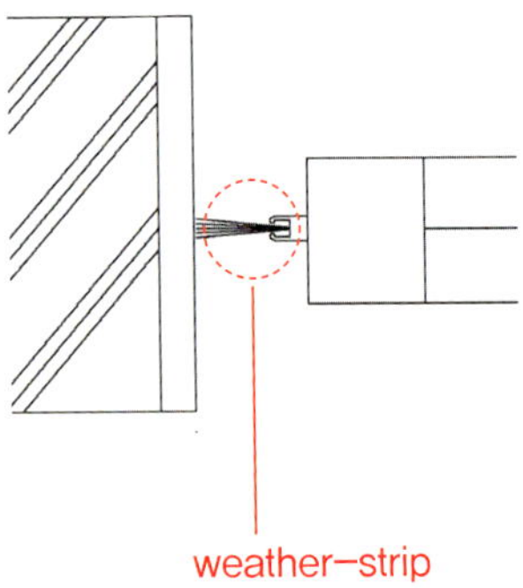	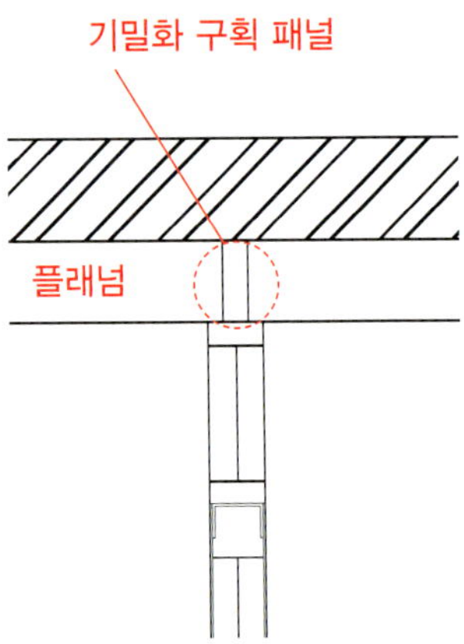	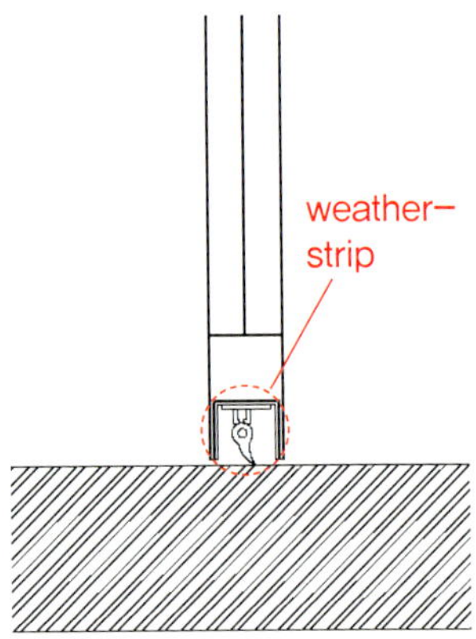

다. 방풍실 여닫이문

기밀화 방안

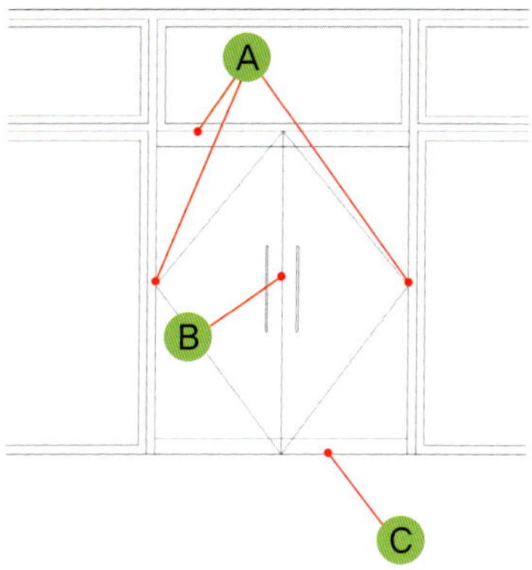

⊙ 방풍실문의 문과 문틀 사이에 weather-strip을 부착한다.
⊙ 방풍실문의 유격 거리(문이 닫혔을 때 문짝의 헐거운 정도)를 작게 하여 닫혔을 때 단단히 고정되도록 한다.

[유의사항]
⊙ weather-strip이 쉽게 떨어지지 않도록 견고하게 부착한다.
⊙ weather-strip의 끝단이 만나는 부위를 기밀하게 처리하여 weather-strip이 연속적으로 이어지도록 시공하는 것이 중요하다.
⊙ 내구성이 좋고 수명이 긴 종류의 weather- strip을 선정해야 한다.

A부위	B부위	C부위
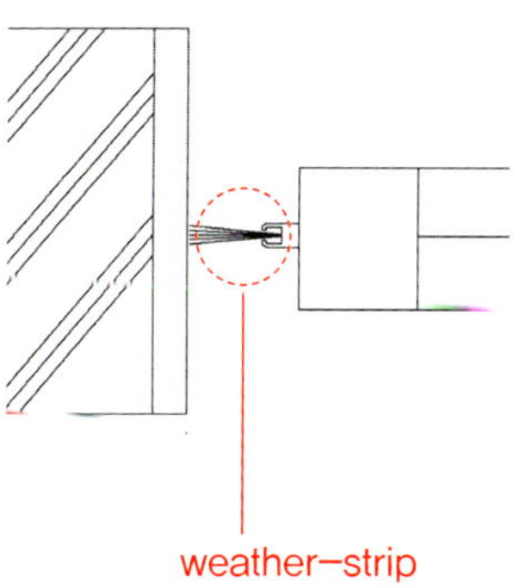	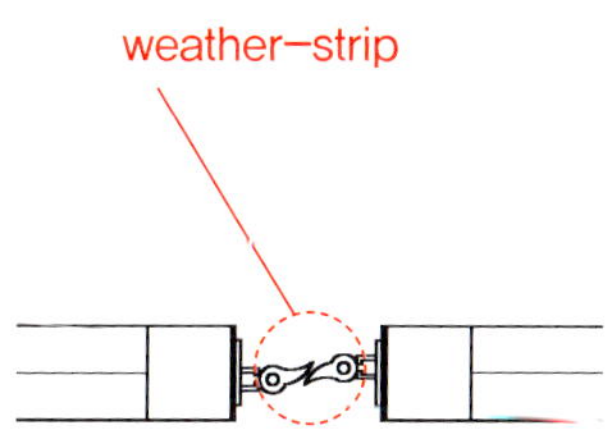	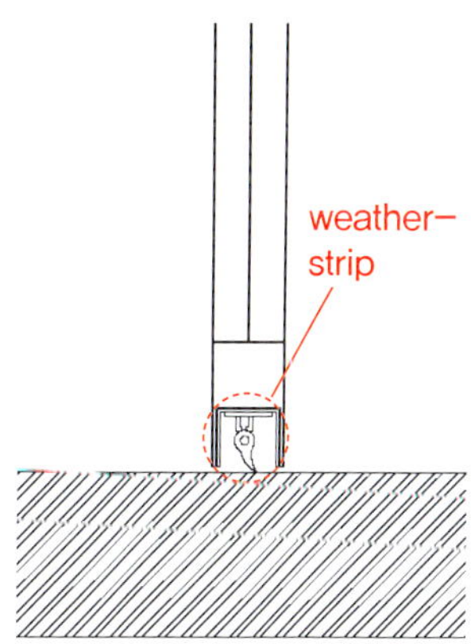

라. 방풍실 회전문

기밀화 방안

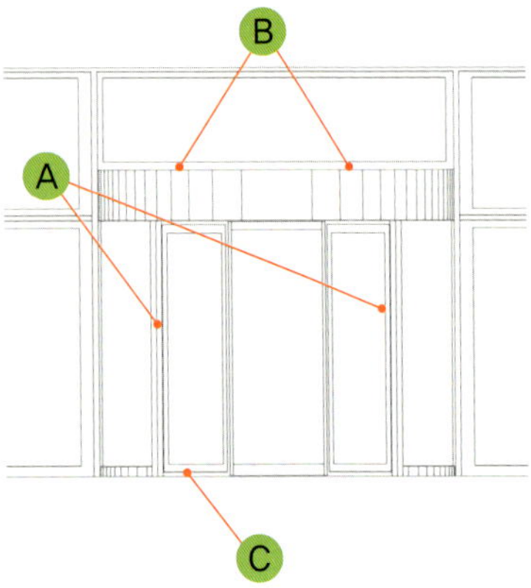

- 회전문의 하단, 상단, 그리고 측면에 기밀한 weather -strip을 부착한다.

[유의사항]
- weather-strip이 쉽게 떨어지지 않도록 견고하게 부착한다.
- weather-strip의 끝단이 만나는 부위를 기밀하게 처리하여 weather-strip이 연속적으로 이어지도록 시공하는 것이 중요하다.
- 내구성이 좋고 수명이 긴 종류의 weather- strip을 선정해야 한다.

A부위	B부위	C부위
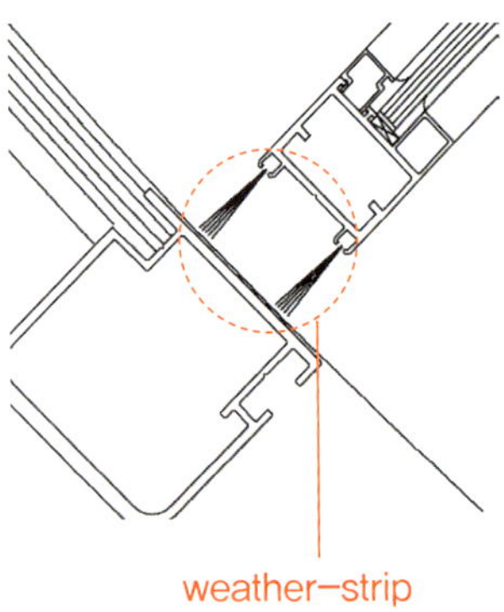	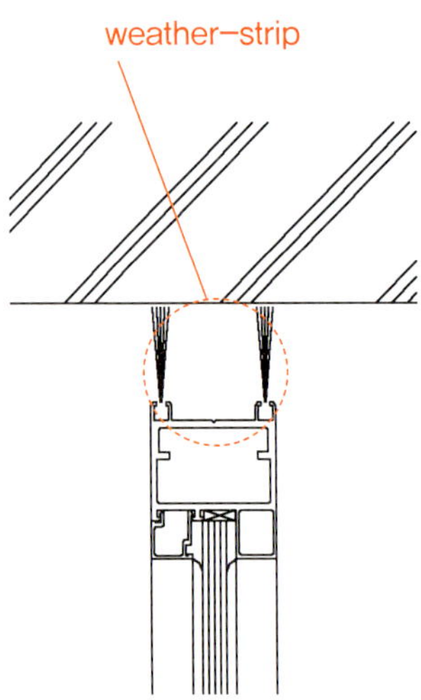	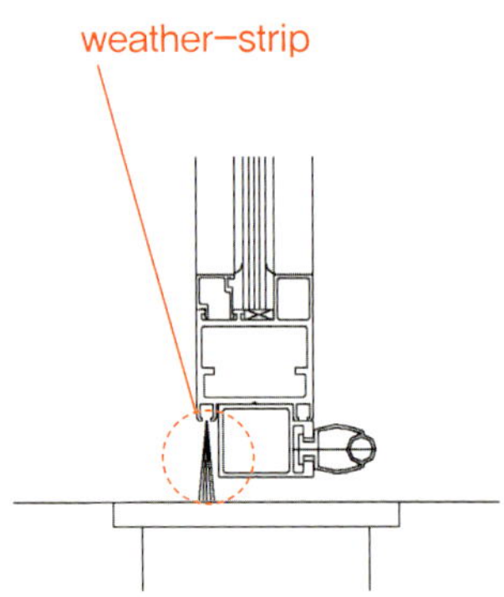

2.3.2 구조체 기밀시공 디테일

가. 설비 배관/덕트 관통부

기밀화 방안	상 세	
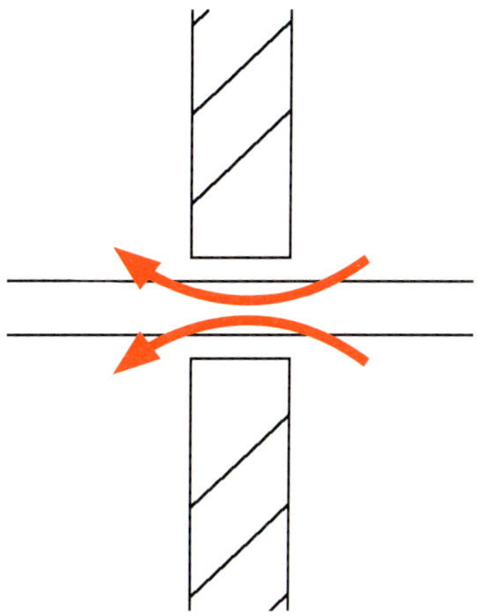	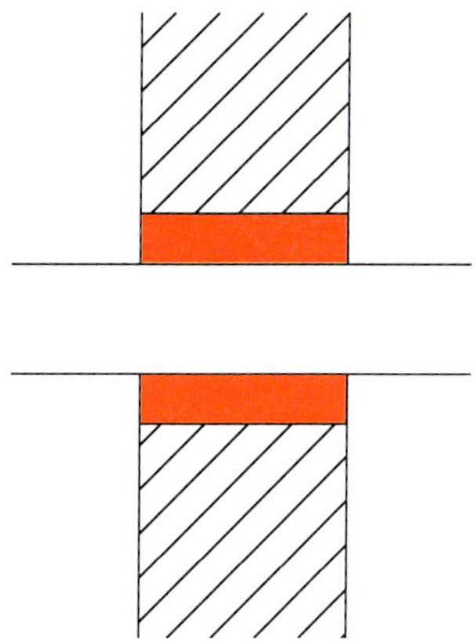	⊙ 바닥, 천장에 있는 수평·수직 배관 관통부에 코킹·몰탈 시공을 하여 기밀하게 마감한다. [유의사항] ⊙ 방화 재료를 사용한다.

나. 창호프레임과 벽체 접합부

기밀화 방안	상 세	
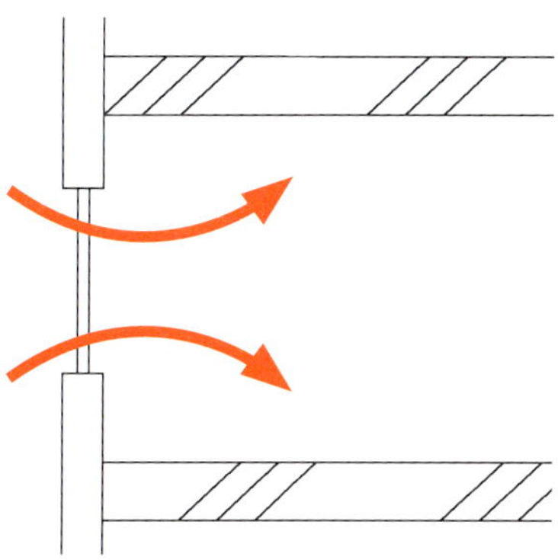	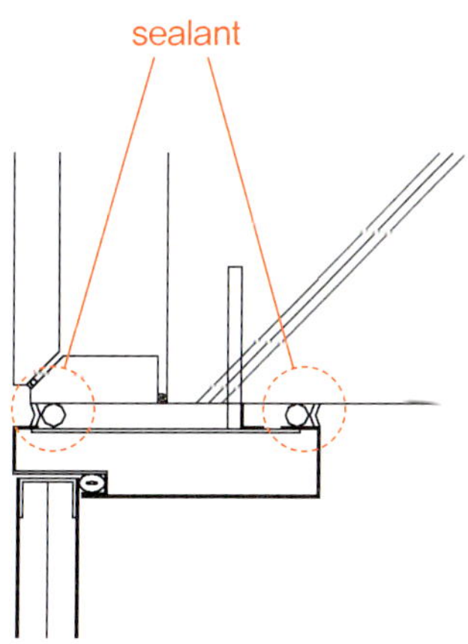	⊙ 외벽과 창호 접합부 틈새에 코킹 시공한다. ⊙ poly approach 방법으로 기밀화 하는 것이 바람직하다. ⊙ air barrier를 설치 후 접합면을 기밀하게 테이핑한다. [유의사항] ⊙ 부재의 수축, 외부 풍압에 의한 흔들림에 air barrier 재료가 찢어지거나 부재로부터 떨어지지 않도록 시공한다.

다. 내벽과 바닥 접합부

기밀화 방안	상 세	
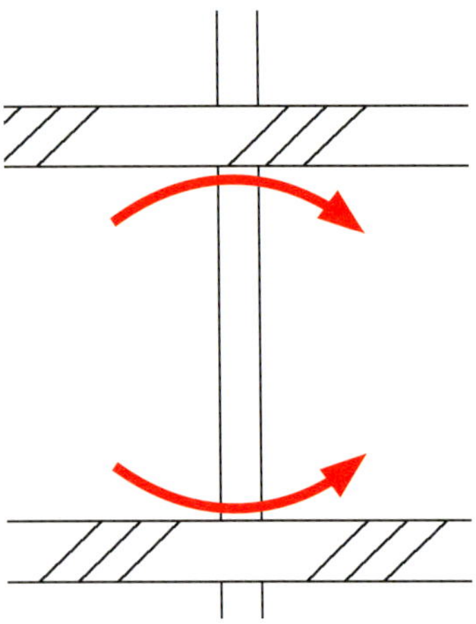	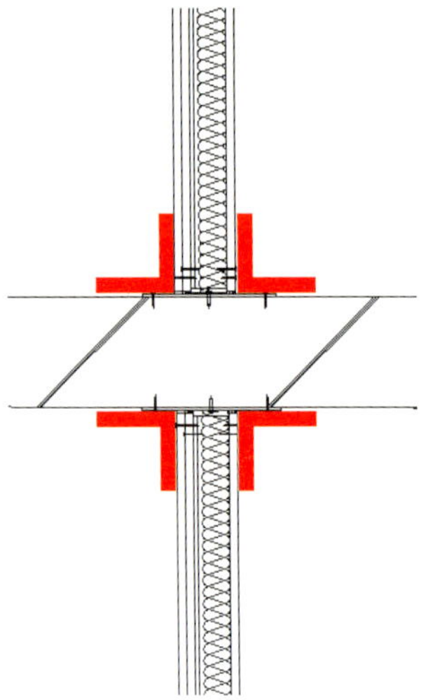	⊙ 내벽의 하단부와 상단부에 슬래브와의 접합부를 코킹 시공한다. ⊙ ADA 방법으로 기밀화 하는 것이 바람직하다. ⊙ 코킹 시공 후 접합면을 기밀하게 테이핑한다. **[유의사항]** ⊙ 천정 슬래브의 기밀화에 유의해야 한다.

라. 적용시 유의사항

- AD/PD벽체 및 외기에 면하는 벽체가 조적으로 시공되는 경우, 반드시 실내외 미장마감후 최종마감재를 시공해야 한다. [그림 2.2]
- 외벽부위 및 배관 관통부위에 누기량이 클 경우, 기밀 Sheet 사용을 권장한다.(재질은 스마트/에코팀 협의 필요) [그림 2.3]
- 당사 설비매립형 경량벽체시스템이 적용되는 경우, 전기배관을 통한 누기가 우려되므로, 기밀화 소켓 사용을 권장한다. [그림 2.4, 2.5]
- 창호공사 진행시점에 기밀성능 측정 후 마감공사를 진행하여야 한다. [그림 2.6]

그림 2.2

그림 2.3

그림 2.4

그림 2.5

그림 2.6

19장 열교방지 시공기술 (발코니를 중심으로)

1. 열교방지 시공기술개요

1.1 정의

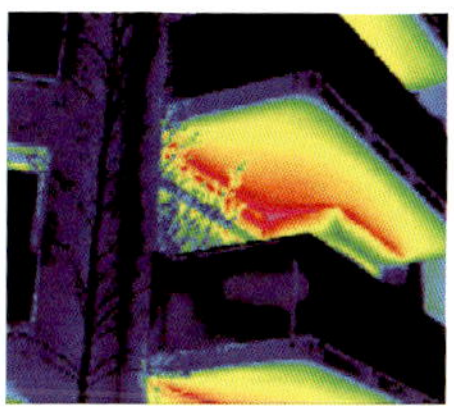

[그림 1.1] 발코니부위 열화상 촬영

발코니 열교방지시스템은 발코니와 건물 내부 바닥의 연결부위에 열교를 차단해주는 단열재를 삽입하여 발코니부위의 열교현상을 차단하는 시스템이다. 이 시스템은 하중을 분산시켜주면서 구조적으로 안전성을 유지해주는 시스템이다. 발코니부위에 열교차단재가 적용된 건물은 열교취약부위의 내부 표면온도가 이슬점 이상으로 유지되므로 결로 방지 및 곰팡이 발생 억제 효과가 있다. 발코니 열교방지시스템은 구조적 성능을 충족하는 솔루션일 뿐만 아니라, 열효율과 에너지 절약에서 뛰어난 성능을 가지고 있는 시스템이다. 본 매뉴얼은 발코니 열교방지시스템의 시공순서, 시공방법 그리고 시공 유의사항을 표준화하여 향후 발코니 열교방지시스템 시공을 위한 지침서로서 활용하고자 작성하였다.

[그림 1.2] 열교방지재의 구조성능

1.2 목적

발코니 연결부위로 열류가 발생할 경우 각 실내공간의 열기가 외부로 손실되며 난방비용이 증가하게 된다. 또한 열교현상이 발생하는 발코니에 인접한 실내측 벽제하부 및 코니부위의 표면온도는 외기온도가 하강할 때 이슬점(dew point) 아래로 떨어지게 되므로, 결로 및 곰팡이 발생의 원인이 된다. 발코니 열교방지시스템은 상하부의 단열라인을 일체화하여 슬라브를 통한 열손실을 차단하며, 해당부위에 결로 및 곰팡이 발생을 억제시키는 역할을 한다.

1.3 적용범위

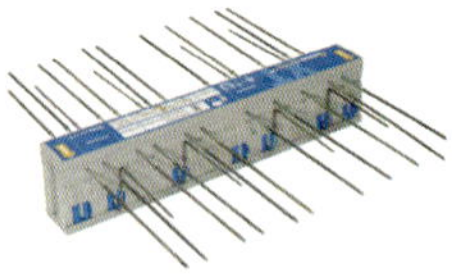

[그림 1.3] 발코니 열교방지재

본 기술은 건축물 외피의 열손실을 최소화하여 저에너지 패시브하우스를 구현하기위한 핵심기술로서 발코니부위에 적용된다. 본 프로세스는 외단열 시공시 발코니슬라브와 실내측 슬라브의 연결부위에서 상하부의 단열라인을 일체화하는 단열부재를 삽입하여 열교를 차단하는 시공방법으로 한정한다.

1.4 용어설명

열교방지 용어는 다음과 같이 설명된다.

용어	설명
열교 (Heat Bridge)	벽이나 바닥, 지붕 등의 건축물 부위에 단열이 연속되지 않은 부분이 있을 때 이 부분이 열적으로 취약부가 되어 이 부위를 통한 열의 이동이 많아지며, 이것을 열교(heat bridge)라고 한다.
열교방지 시스템	건축물 구조체를 통한 열전달을 차단하기 위한 설계디테일 및 차단부재로 단열재 내부에 구조체의 인장력과 압축력을 담당하는 철근 및 엔지니어링 플라스틱으로 구성된다.
결로 (Condensation)	수분을 포함한 대기의 온도가 이슬점 이하로 떨어져 대기가 함유하고 있던 수분이 물체 표면에서 물방울로 맺히는 현상이다.
발코니 (Balcony)	건물 외부에 거실(居室)의 연장으로 만든 서양건축 노대(露臺)의 하나로서 전용(專用) 정원이 없는 아파트 건축에서 바깥 공기와 접하는 유일한 장소가 되어 식물의 재배 등으로 생활에 윤기를 주는 공간이다.
노점온도 (Dew Point Temperature)	일정한 압력하에서 온도를 내려서 공기가 포화되는 순간의 온도이다.

2. 열교방지 시공기술 본문

2.1 발코니 열교방지재 특징

열기 혹은 냉기가 건축물 외피를 통해 외부로 유출될 때 열교(thermal bridges)현상이 발생한다. 열교현상에는 [표 2.1]과 같이 두 가지 형태가 있다.

[표 2.1] 열교현상 종류

종 류	내 용
기하학적 열교현상	열을 흡수하는 표면적과 열을 빼기는 외부면적의 관계에 따라 달라지며, 보통 벽과 천장과 바닥의 3개의 구조체가 만나는 3D 지역이 이에 해당한다.
재료적 열교현상	서로 다른 열전도율을 지닌 여러가지 재료로 시공이 되는 부위에서 발생한다.

[그림 2.1] 발코니 열교방지재 설치 사진

실제로 이 두 가지 형태는 흔히 복합적으로 나타나는데, 발코니 슬래브가 대표적인 예라고 할 수 있다. 특히 연결부위가 제대로 시공되지 않았을 때 일어나는 현상이다. 적외선 카메라 촬영에서 색상분포를 보면 알 수 있듯이 발코니에서 열교현상이 제대로 차단되지 않을 때 발코니는 냉각핀(cooling fins)의 역할을 하게 되어 열이 건물 외부로 손실되고, 발코니에 인접한 실내의 온도는 내려가게 된다.

따라서 단열이 취약한 외부 발코니와 실내 바닥슬라브 연결부위에 발코니 열교방지재를 설치하고 구조적으로 단절되어 있는 단열층을 연결하고 열교현상을 차단시켜야한다.

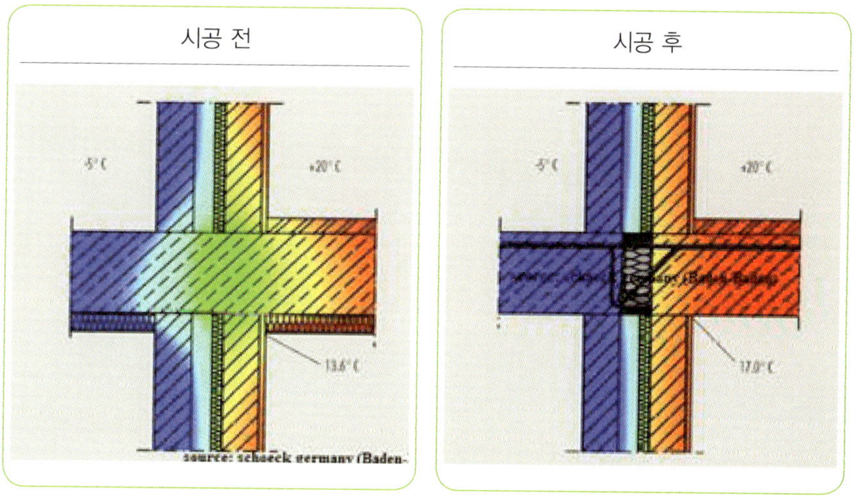

[그림 2.2] 열교방지재 시공 전/후 전열해석

열교방지시스템은 발코니의 하중으로 인한 인장력과 압축력을 담당하는 철근 및 엔지니어링 플라스틱(초고강도 콘크리트 포함)으로 형성되어 있어 구조적으로 안정성을 갖는다. 또한 조립공장과 건설현장에서 시공이 편리하여 공사비용이 절감되고 공기가 단축되는 장점이 있다.

[그림 2.3] 열교방지재 적재 및 시공

열교방지재 적재 모습	열교방지재 시공 모습

2.2 시공 방법

2.2.1 발코니 부위 열교방지재 타입별 비교

[그림 2.4] 발코니 부위 열교방지재 타입

K-type	K corner-type	V-type
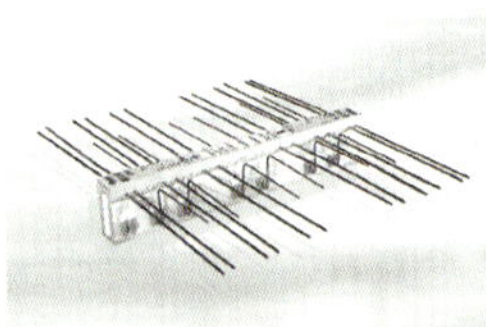	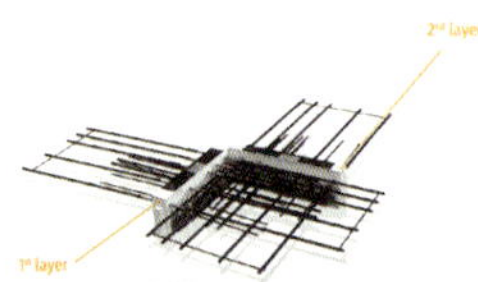	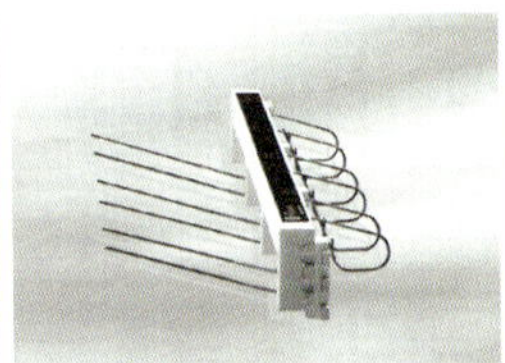
발코니부위 열교방지재 타입 중 가장 기본이 되는 타입으로 구조적인 기능과 단열효과를 모두 갖추고 있는 타입	발코니의 코너에 적용되며 복잡한 내부슬라브측 철근을 1st layer와 2nd layer로 분리하고 철근간의 level차를 두어 시공이 용이한 타입	구조성능은 필요하지 않지만, 단열라인은 반드시 일체화되어 시공되어야 하는 부위에 적용되는 타입

2.2.2 발코니부위 타입별 시공순서

가. K type 시공 순서

[그림 2.5] 물량 확보 및 적재

준비사항 점검

- 열교방지재 시공 경험이 있는 전문가 및 작업자를 확보한다.
- 시공에 필요한 열교방지자재 물량 점검한다.[그림 2.5]
- 작업에 필요한 도구 및 양중장비 점검한다.[그림 2.6]

[그림 2.6] 열교방지재 양중

[그림 2.7] 3B type 열교방지재 시공

[그림 2.8] 3B type 열교방지재 삽입완료

적용부위 사전검토

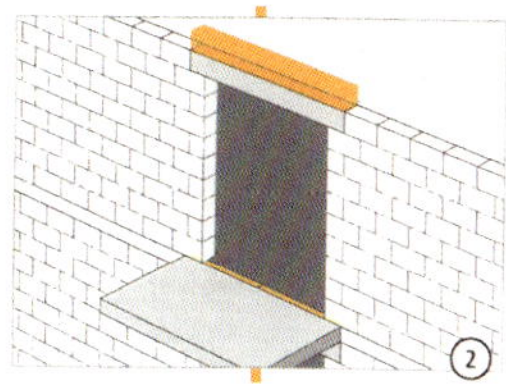

- 도면에 명시된 열교방지재 적용부위 사전검토한다.(좌측 그림)
- 작업자에게 열교방지부재 type별 시공방법 숙지한다.(발코니 열교방지부재는 발코니와 바닥슬라브의 접합면이 1면일 때에 적용하며 발코니와 슬라브사이에 설치)

[열교방지재의 운반, 보관 및 취급]

- 열교방지재는 운반, 보관시 훼손되지 않도록 반입하고, 포장에 상호 및 품질표시를 확인해야 한다.
- 보관 장소의 지면을 평탄하게 정지하고 각목 등으로 받쳐 지면에서 20cm 이상 이격한다.
- 열교방지재는 직사일광, 비나 바람에 직접 노출되지 않으며, 습기가 적고 통기가 잘되는 곳에 용도 및 종류별로 구분하여 보관한다.
- 열교방지재 위에 중량물을 올려놓지 않도록 하며, 포장된 것은 장기간 방치하지 않도록 한다.

열교방지 부재 삽입

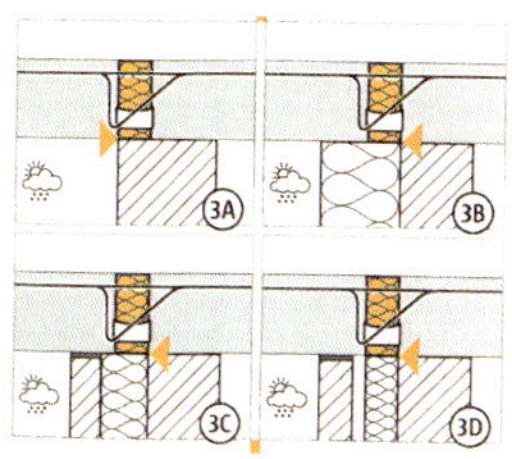

- 외벽마감 레이어 구성에 따른 시공위치 결정한다.(발코니방향에 유의하여 제품 시공-제품상부에 방향표시)
- 3A: 구조체 상부 시공시 외벽라인에 일치시킨다.
- 3B, 3C, 3D: 단열재의 상부에 시공시 구조체마감선에 일치시킨다.(단열라인 일체화) [그림 2.7] [그림 2.8]

이음부위 검토

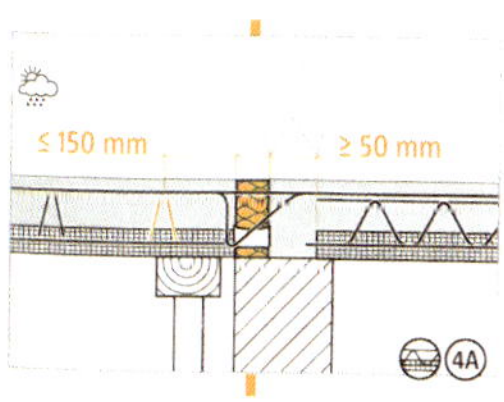

1) 4A 이음부위 정착(좌측 그림)

- 구조체 상부 열교방지부재 시공시 부재와 구조체 위에 얹어지는 프리케스트 콘크리드 시이의 콘그리트 정착부위 최소 50mm이상 확보한다.
- 발코니부위 프리케스트 콘크리트가 구조체마감선에서 시작할 때 발코니방향 첫번째 트러스근과 구조체단면의 사이간격 150mm이하 유지한다.

이음부위 검토

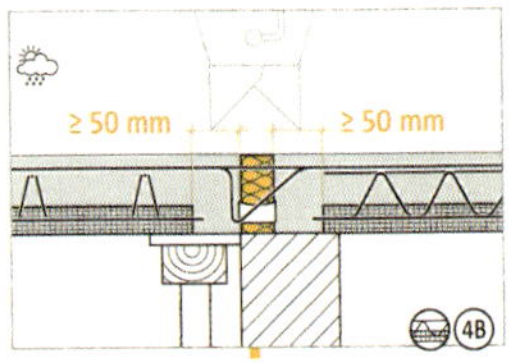

2) 4B 이음부위 검토(좌측 그림)

- 구조체 상부 열교방지부재 시공시 부재와 구조체 위에 얹어지는 프리케스트 콘크리트 사이의 콘크리트 정착부위 최소 50mm이상 확보한다.
- 발코니부위 프리케스트 콘크리트를 구조체마감선과 분리되어 시공할 때 프리케스트 콘크리트와 구조체마감선의 사이의 콘크리트 정착부위 최소 50mm이상 확보한다.

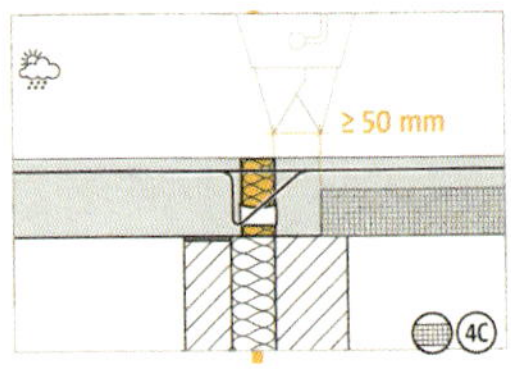

3) 4C 이음부위 검토(좌측 그림)

- 단열재 상부에 열교방지부재 일체화 시공시 부재와 구조체 위에 얹어지는 프리케스트 콘크리트 사이의 콘크리트 정착부위 최소 50mm이상 확보한다.

[열교방지재 설치 일반조건]

- 현장 절단시에는 절단기를 사용하여 정교하게 일직선이 되도록 절단한다.
- 서로 만나는 부위와 외곽 모서리는 틈새가 없도록 정밀하게 시공한다.
- 열교방지재끼리 맞닿는 부위는 테이프로 이음부위를 봉합한다.
- 열교방지재 설치 후 다음 공정 진행 전에 반드시 현장관리자의 검수를 받아야 한다.

철근 조립

[그림 2.9] 슬라브 상부철근 결속

[그림 2.10] 철근 이음길이 확보

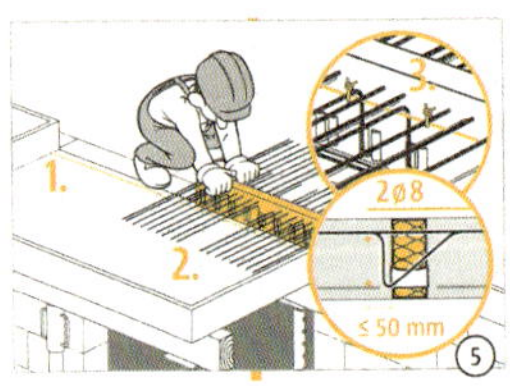

1) 사전 준비

- 철근 조립 전에 콘크리트와의 부착력을 감소시킬 우려가 있는 들뜬 녹, 기름류, 먼지, 흙 등을 제거한다.
- 콘크리트 타설 전에 위의 사항을 재검사하고 필요에 따라 철근을 청소한다.

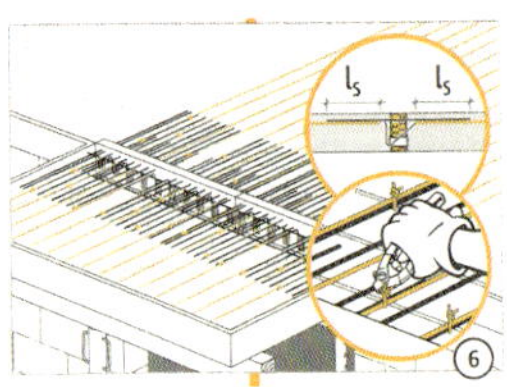

2) 철근이음

- 열교방지부재의 길이방향에 평행하여 슬라브의 상하부에 철근 배근시 발코니방향의 첫 번째 철근과 열교방지부재의 사이간격 50mm 이하 유지한다.(상단 우측 그림)
- 철근은 교차되는 부분마다 엇갈리게 결속한다.(좌측 그림)
- 이음길이를 확보하여 철근결속한다. [그림 2.9] [그림 2.10]

철근 조립

[철근 조립 일반사항]

- 설계도서상의 바른 위치에 배치하고 콘크리트를 부어넣을 때 움직이지 않도록 견고하게 결속한다.
- 이음은 겹침이음으로 함. 다만, D35를 초과하는 철근은 겹침 이음으로 할 수 없다. 겹침 이음 외의 별도 이음방법을 사용할 경우는 승인을 받아야 한다.

나. K-corner type 시공순서

준비사항 점검

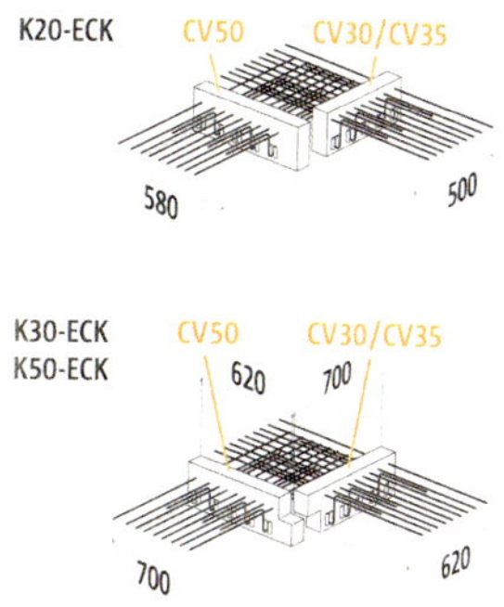

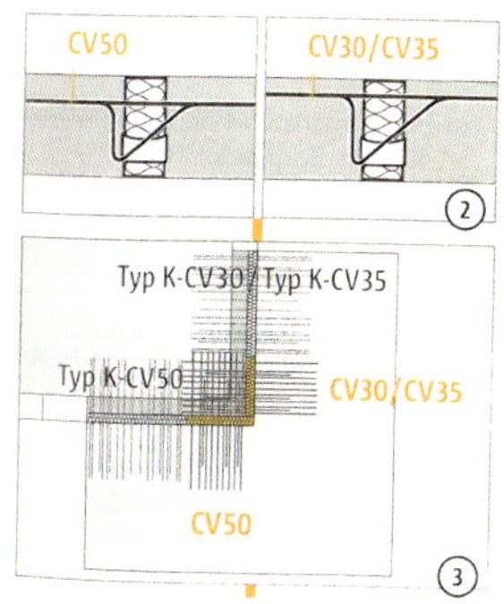

- 열교방지재 시공 전문가 및 작업자를 확보한다.
- 코너부위 시공에 적합한 열교방지자재를 확보한다.(상단 우측, 좌측 그림)
- 작업에 필요한 도구 및 양중장비를 준비한다.

적용부위 사전검토

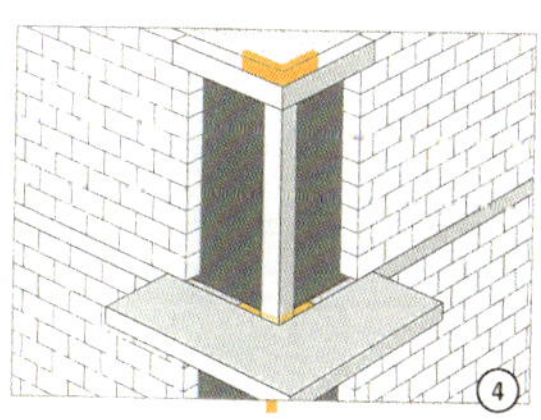

- 도면에 명시된 열교방지재 적용부위 사전검토한다.(좌측 그림)
- 작업자에게 열교방지부재 type별 시공방법 숙지한다.(코너부위 열교방지 부재는 발코니와 바닥슬라브의 접합면이 2면일 때에 적용하며 발코니와 슬라브사이에 설치)

열교방지 부재 삽입

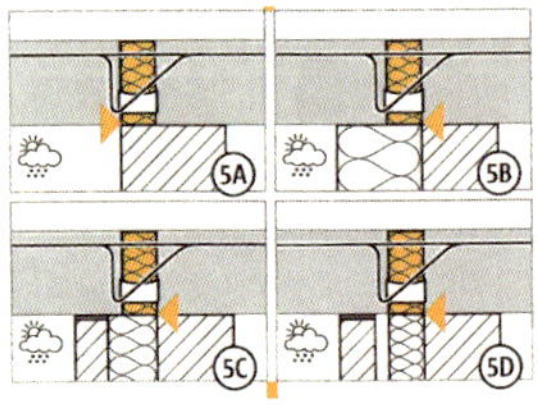

⊙ 외벽마감 레이어 구성에 따른 시공위치 결정한다.(발코니방향에 유의하여 제품 시공–제품상부에 방향표시)(좌측 그림)

⊙ 5A: 구조체 상부 시공시 외벽라인에 일치시킨다.

⊙ 5B, 5C, 5D: 단열재의 상부에 시공시 구조체마감선에 일치시킨다.(단열라인 일체화)

이음부위 검토

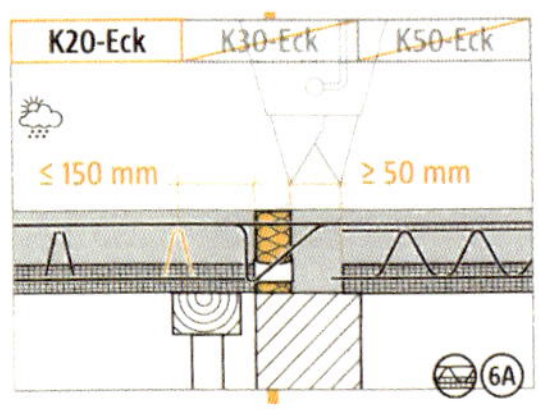

1) 6A 이음부위 정착(좌측 그림)

⊙ 구조체 상부 열교방지부재 시공시 부재와 구조체 위에 얹어지는 프리케스트 콘크리트 사이의 콘크리트 정착부위 최소 50mm이상 확보한다.

⊙ 발코니부위 프리케스트 콘크리트가 구조체마감선에서 시작할 때 발코니 방향 첫번째 트러스근과 구조체단면의 사이간격 150mm이하 유지한다.

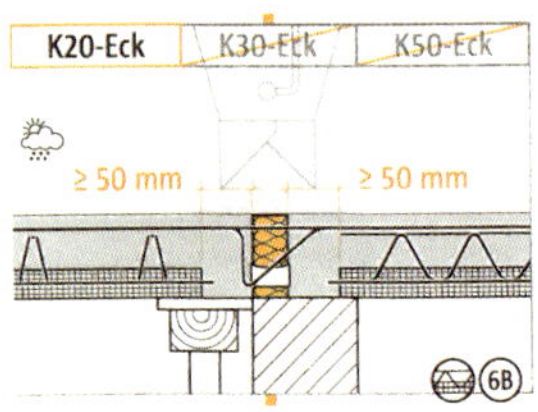

2) 6B 이음부위 정착(좌측 그림)

⊙ 구조체 상부 열교방지부재 시공시 부재와 구조체 위에 얹어지는 프리케스트 콘크리트 사이의 콘크리트 정착부위 최소 50mm이상 확보한다.

⊙ 발코니부위 프리케스트 콘크리트를 구조체마감선과 분리되어 시공할 때 프리케스트 콘크리트와 구조체마감선의 사이의 콘크리트 정착부위 최소 50mm이상 확보한다.

2.2.3 발코니부위 타입별 철근배근 방법

[표 2.1] 발코니 부위 타입별 철근 배근 방법

방 법	내 용	
실내측 철근 장착	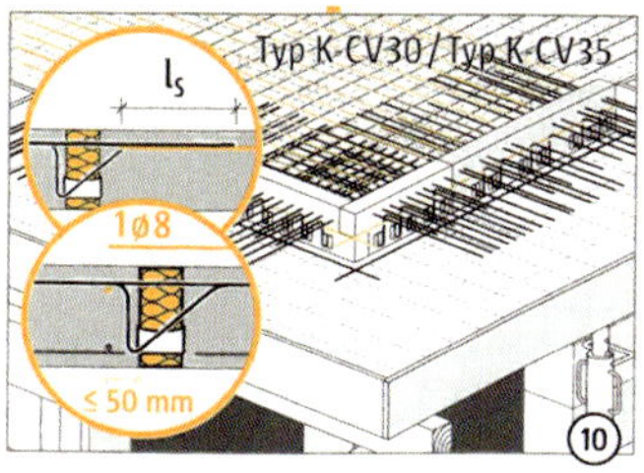	⊙ 열교방지부재의 길이방향에 평행하여 슬라브의 하부에 철근 배근시 발코니방향의 첫 번째 철근과 열교방지부재의 사이간격 50mm 이하로 유지한다. ⊙ 이음길이를 확보하여 철근 결속한다.
발코니측 철근 정착	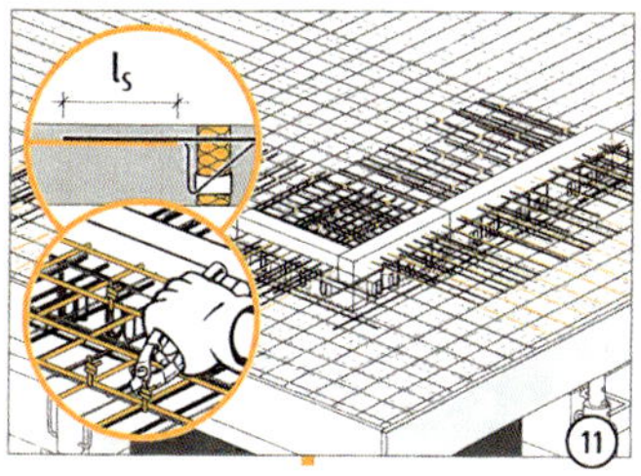	⊙ 철근은 교차되는 부분마다 엇갈리게 결속한다. ⊙ 이음길이를 확보하여 철근 결속한다.

가. K type 철근배근도

type K30–CV35

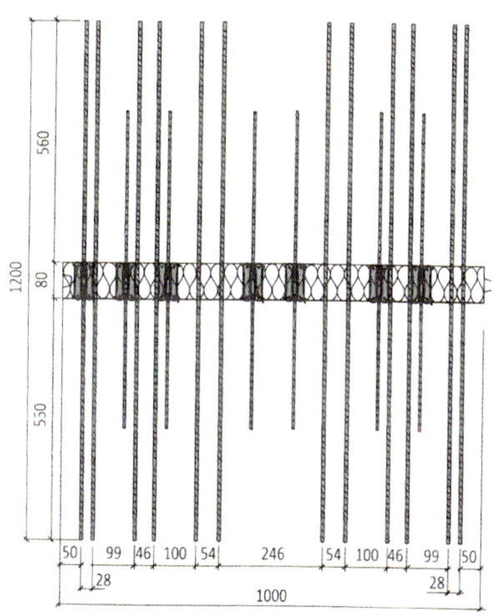

type K60–CV35

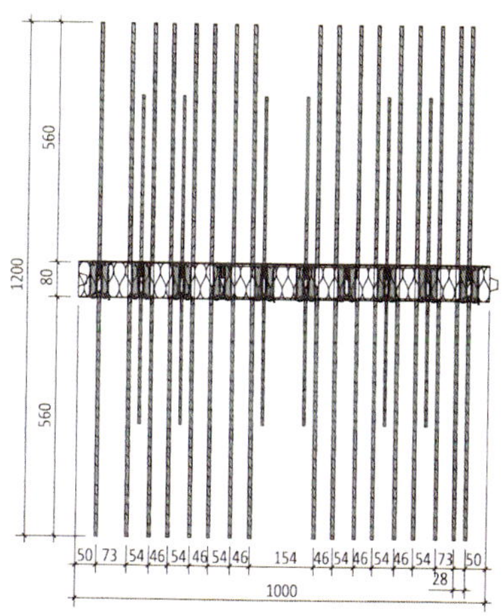

type K50–CV35

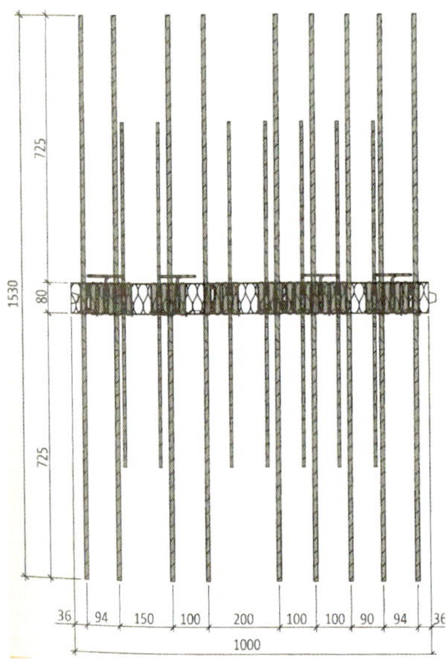

type K80–CV35–V8

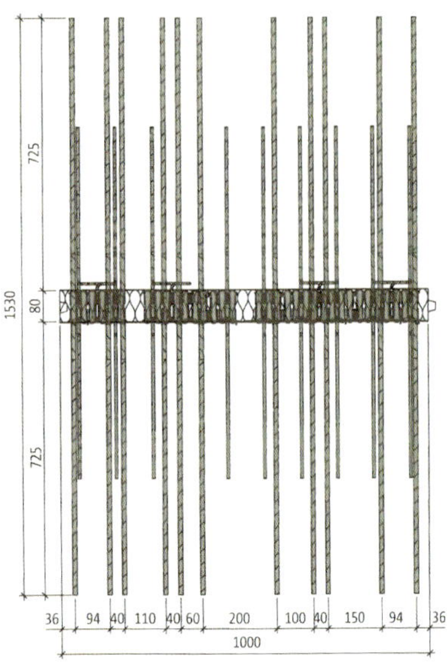

나. K–coner type 철근배근도

type K20–coner–CV35

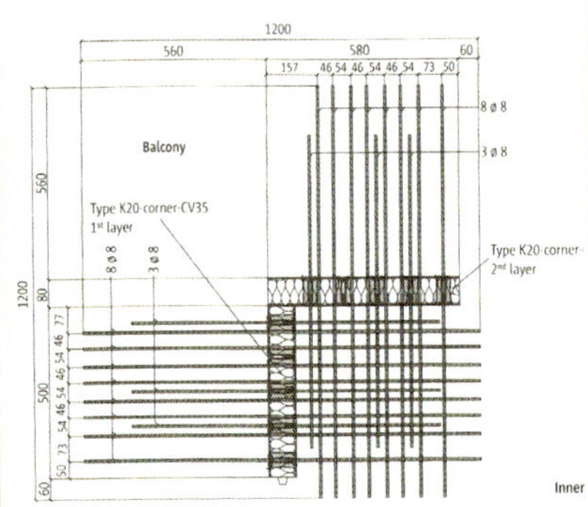

type K30–corner–CV35

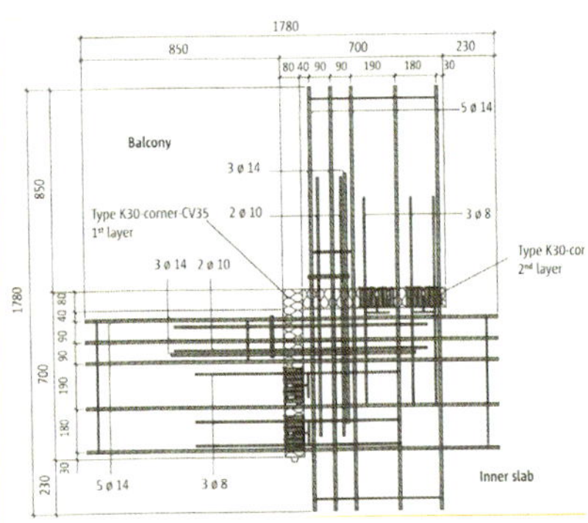

다. 타입별 열교방지부재 배열방법

[표 2.2] 타이별 열교방지 부재 배열 방법

Free cantilever balcony	Balcony supported on three sides
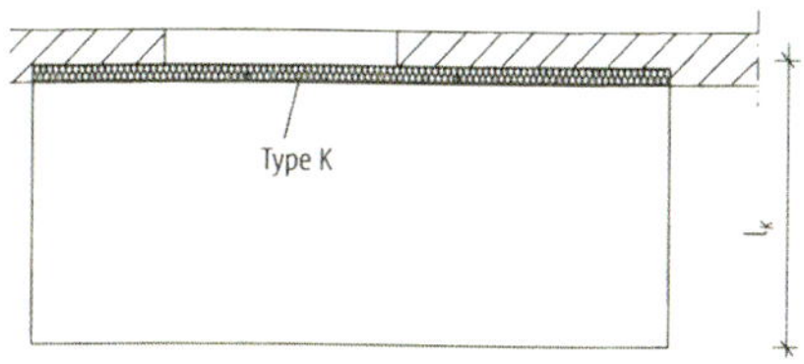	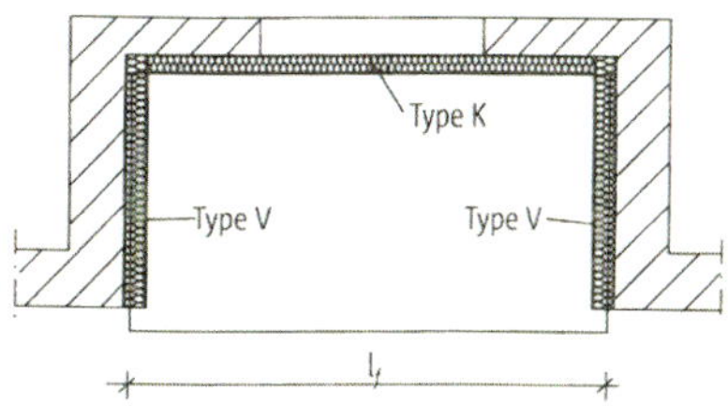
⊙ 발코니와 내측 슬라브간의 접한면이 1면일 때 K-type의 사용만으로도 열교방지효과를 기대할 수 있다.	⊙ 발코니가 3면에 접하도록 되어있을 경우에는 K-type과 V-type의 적절한 사용으로 열교방지효과를 기대할 수 있다.

Balcony on an outside corner	Balcony supported on two sides
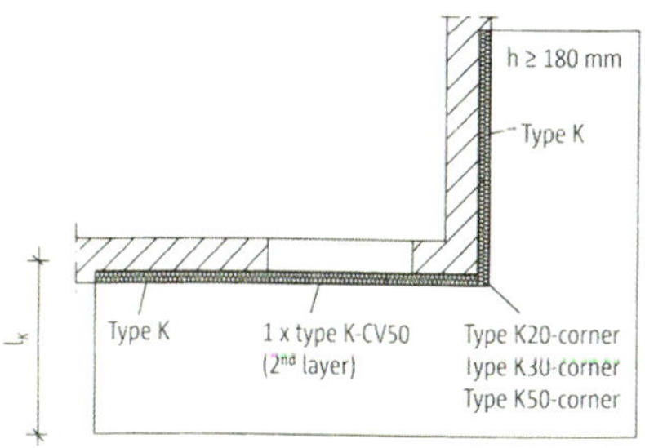	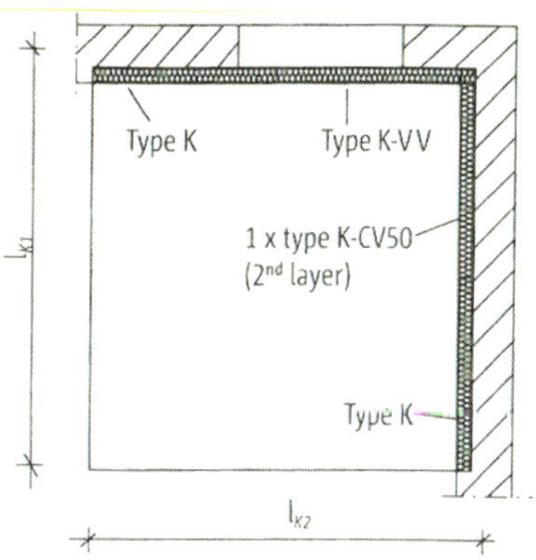
⊙ 발코니 코너 부위의 경우 K-type과 K corner-type타입을 병용하여 설치하며, 슬라브높이 180mm이상일 때 적용한다.	⊙ 발코니가 내부슬라브에 두면이 접해있을 경우 K-type과 K-VV-type 및 K-CV-type을 혼합 적용하여 시공한다.

라. 적용시 유의사항

Installation in conjunction with precast planks

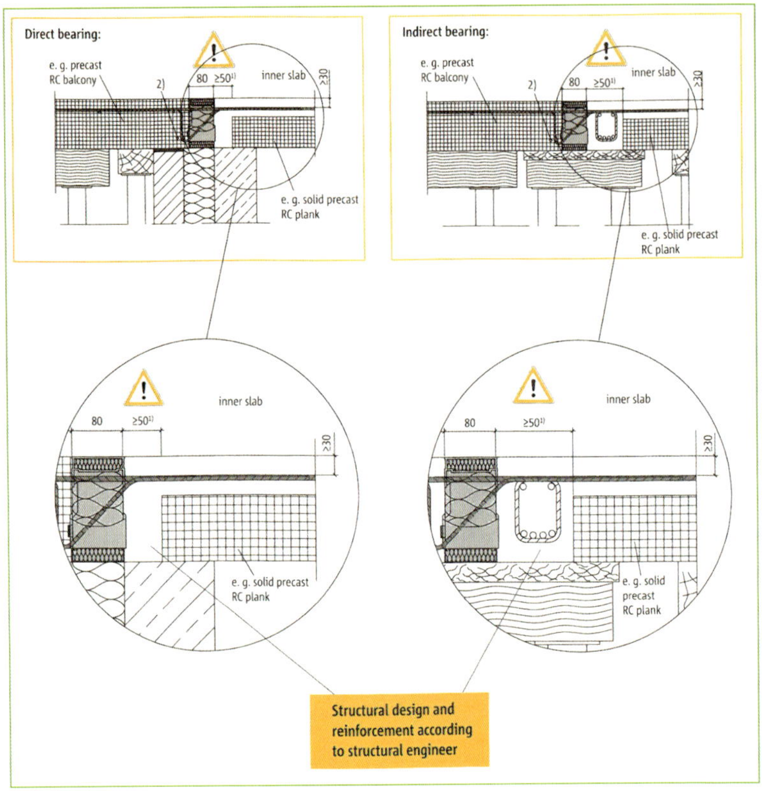

- pc공법을 적용할 경우 pc(precast concrete)와 구조체 사이에 충분한 부착이 보장되어야 한다.
- pc(precast concrete)연결부의 구조설계와 구조보강은 구조기술자에 의해 검토 후 시행한다.

20장 건물일체형 지중열교환기 시공기술

1. 건물일체형 지열 열교환기 시공기술 개요

1.1 정의

본 매뉴얼은 건물일체형 지열시스템에 관한 것으로 지중열교환기 설치를 위해 별도의 천공 작업을 하지 않고 건물 지지에 이용되는 파일(Pile)의 중공부에 열교환기를 삽입하여 지열에너지를 이용하는 신재생시스템의 시공과 관련한 일련의 프로세스에 대한 지침을 포함한다.

1.2 목적

본 매뉴얼은 대림산업 공동주택 및 일반 건물에 건물일체형 지열시스템이 적용될 경우 시공 방법과 순서를 숙지하고, 각 담당의 역할을 명확하게 규정하여 시스템의 품질을 향상시키는데 목적이 있다.

1.3 적용범위

본 매뉴얼은 대림산업 공동주택 및 일반 건물에 시공되는 건물일체형 지열시스템에 대하여 적용한다.

1.4 용어설명

용어	설명
건물일체형 지열시스템	지중열교환기 설치를 위해 별도의 천공작업을 하지 않고 건물의 지지에 이용되는 파일(Pile)의 중공부에 열교환기를 삽입하여 지열에너지를 이용하는 신재생시스템이다.
PHC 파일	Pretensioned spun High strength Concrete의 약자로 심력을 응용하여 만든 콘크리트의 압축강도가 78.5N/㎟(800㎏/㎠)이상의 프리텐션방식에 의한 고강도 말뚝을 말한다.
미국냉동톤 (USRT)	표준기압에서 순수 2,000 lb 를 24시간동안 0 ℃얼음으로 만드는 냉동용량 (= 3,024 kcal/hr)
그라우팅 (grouting)	수직 폐쇄형 지열교환기를 설치할 때 보어홀과 지열교환기의 공간을 메우는 작업. 아래와 같은 두 가지 이유로 수행한다.
밀폐회로시스템 (Closed-Loop Sytem)	지열교환기, 지열순환펌프, 부속기구, 히트펌프로 구성되어있는 시스템을 유동하는 매체가 완전밀폐 Cycle을 형성하고 있는 시스템이다.
개방회로시스템 (Open-Loop Syatem)	지열교환기, 지열순환펌프, 부속기구, 히트펌프로 구성되어있는 시스템을 유동하는 매체가 유동관로 중간에 대기에 노출된 Cycle을 형성하고 있는 시스템이다.
벤토나이트(Bentonite)	보어홀과 지열교환기 사이의 공간을 메워주는 천연광물(고련토). 수분 흡수시 큰 팽윤계수를 가지며 물의 통과가 거의 불가능한 투수성(10 ~ 8 cm/sec 정도)을 지님. 열전도도를 높이기 위해 벤토나이트에 실리카샌드 같은 첨가제를 같이 혼합하여 메우는 것이 타당하다.
샌드 그라우팅 (Sand grouting)	2 mm 내외의 모래와 물을 혼합하여 PHC 파일 내부와 PB 열교환파이프 사이의 공극을 메워 열교환능력을 향상시킨다.
EWT(Entering Water Temp.) 혹은 EST(Entering Source Temp.)	지열교환기 혹은 Heat-source 나 Heat-sink를 거쳐 히트펌프로 유입되는 물의 온도. 동파 방지를 위하여 반드시 부동액을 사용하여야 한다.
COP (Coefficient Of Performance)	무차원화된 효율이다.
EER (Energy Efficient Ratio)	유차원화된 효율(kcal/h/kw 혹은 Btu/h/kw)이다.

2. 건물일체형 지열 열교환기 시공기술 본문

2.1 사전 작업

- 현장 주변 지질 조사 자료 또는 PHC 파일 적용 유무를 조사하여 건물일체형 지열시스템 적용 가능 여부를 판단한다.
- 지중열교환기로 사용가능한 PHC 파일 사양 및 이에 따른 코일형 열교환 파이프 사양은 아래의 표와 같다.

[표 2.1] 지중열교환기 사양

외경 D(mm)	두께 t(mm)	내경 d(mm)	길이 L(m)	코일형 열교환 파이프 사양
400	65	270	5~15	KS 22호, 곡률반경 260 mm 이하
450	70	310	5~15	ISO 25호, 곡률반경 300 mm 이하
500	80	340	5~15	ISO 25호, 곡률반경 330 mm 이하
600	90	420	5~15	ISO 25호, 곡률반경 400 mm 이하

- PHC 파일의 외경이 400 mm 이하인 것은 본 방식의 지중열교환기 시공이 불가능하므로 부득이 시공이 필요한 경우는 재구조 검토를 통해 최소 400 mm 표준 450 mm 이상의 PHC 파일을 선정한다.
- 지중열교환기로 사용하기 위해서는 PHC 파일 내부 중공에 이물질이 없어야 한다. 따라서 건물일체형 지열시스템이 설치되는 현장에서는 PHC 파일 내면이 깨끗한 것만을 반입하고, 이를 반드시 검사하여야 한다.
- 지중 열교환기의 시공은 PHC 파일의 두부정리가 완료 되고, 잡석 지정 전에 토사 바닥면을 정리한 후가 가장 적당하므로 이에 따른 공정표를 작성한다.

2.2 코일형 열교환 파이프 삽입 작업

- 현장에 시공될 PHC 파일의 관입 깊이에 따라 코일의 피치 간격을 구간마다 조정한다. 구간 조정은 아래의 그림을 참조한다. 결속 방법은 철근 결속과 유사하며, 공장에서 완성하

[그림 2.1] 코일형 열교환기

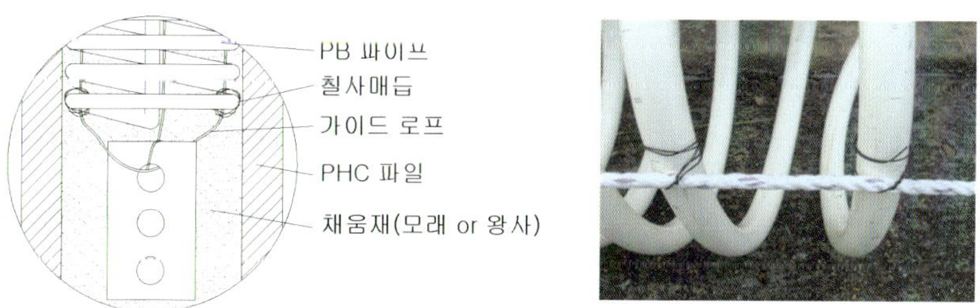

여 납품 받는다. 코일형 열교환 파이프의 피치는 PHC 파일 내부에서 자연스럽게 조정이 되지만, 샌드 그라우팅시 코일형 열교환 파이트가 모래에 의해 파일 내부로 처지는 것을 방지하기 위함이다.

– 코일의 피치 간격은 일정한 기준은 없으며, 최하단 부위 피치 간격이 1D가 되도록 하며, 상부로 갈수록 피치 간격이 넓어지도록 조정한다.

[그림 2.2] 코일형 열교환기 상세도

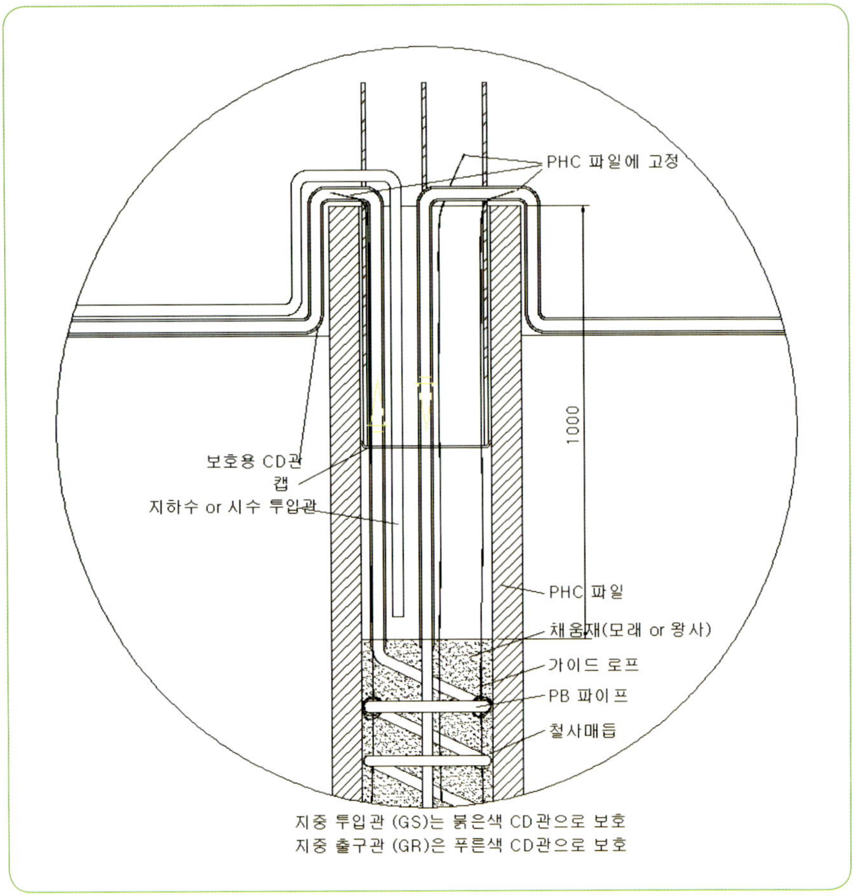

– 열교환 파이프 하부에는 PHC 파일내 삽입이 용이하도록 무게추를 설치한다. 무게 추의 특별한 사양은 없으며, 중공이 있는 블록벽돌 등 설치가 용이한 것을 사용한다.

– 열교환기 삽입은 2인 1조로 하여 삽입하며, PHC 파일 내면이 깨끗할 경우 삽입시간은 10분 내외이다.

– PHC 파일 내부에 삽입이 잘되었는지 여부를 반사경을 이용하여 확인한 후 코일형 열교환 파이프가 PHC 파일 내부로 처지지 않도록 파일에 고정한다. 이때 코일형 열교환 파이

프에서 코일 부분의 끝단에는 3 m 이상 직관을 연장하여 고정한다. 이는 이후 그라우팅 과정에서 코일형 열교환 파이프가 PHC 파일 내부로 처질 경우 파이프가 손실되는 것을 막기 위함이다.

- 외부로 나온 열교환 파이프는 CD관으로 보호한다. 이때 코일형 파이프 중심의 직관은 붉은색 CD관을 사용하고, 코일형태의 관은 파란색 CD관으로 보호하여 구분한다.
- 이후 붉은색 관은 유체가 지중으로 입력관이 되고, 파란색 관은 유체가 지중에 머무른 후 토출관이 된다.

2.3 샌드 그라우팅 시공

- 코일형 열교환 파이프 설치 이후 샌드 그라우팅을 실시한다. 그라우팅 재료는 왕사가 가장 좋으며,왕사는 점토 또는 흙이 섞이지 않은 것을 선정한다. 아래 표는 그라우팅 재료별 열전도율이다.

[표 2.2] 그라우팅 재료별 열전도율

그라우트 재료		열전도율 W/mk
모래 또는 자갈	건 조	0.77
	습 윤	2.50
시멘트	건 조	0.43 ~ 1.25
	습 윤	0.83 ~ 2.12
벤토나이트		0.658~ 0.779
습윤상태의 점토 또는 흙		1.67

- 샌드 그라우팅 양은 PHC 파일 체적에 1.2배 정도로 준비하는 것이 적당하다.
- 샌드 그라우팅은 샌드 펌프를 이용하며, PHC 파일 내부에 트레미관을 삽입하여 하부에서 충진되어 올라오도록 한다. 이후 모래가 PHC 파일 내부로 완전히 가라앉으면, 다시 한번 모레를 충진한다.
- 샌드 그라우팅 높이는 PHC 두부 정리 상부에서 하부로 1 m로 하며, 너무 많은 양을 채우면, 캡 설치가 불가능하므로 주의한다. 많은 양을 채웠을 경우는 적당량 세거한다.
- 캡은 플라스틱으로 준비하고, CD관 삽입을 고려하여 45mm 홀을 3개 뚫는다.
- 샌드 그라우팅이 완료 된 배관을 연결하여 1차 수압테스트를 실시한다. 수압테스트는 10 Kg/cm2 이상에서 1시간 이상 실시한다.
- 캡에 급수관을 설치하고, 이후 매트콘크리트 타설시 콘크리트가 열교환기 내부로 들어가지 않도록 우레탄 폼으로 캡과 파이프 사이 이격 부위를 메꾼다.

– 각 지중열교환기에 고유의 일련 번호 또는 라벨을 부여하고 표시하고, 잡석 다짐 이후 수평배관을 설치한다.

– 잡석다짐 이후 기계실 위치에 아래의 그림과 같은 지열 파이프 전용 입상 슬리브를 설치하고, 각각의 지중열교환기를 슬리브에 연결한다. 입상슬리브의 관경은 내경 기준 30 mm 로 한다.

[그림 2.3] 지열 파이프 전용 입상 슬리브

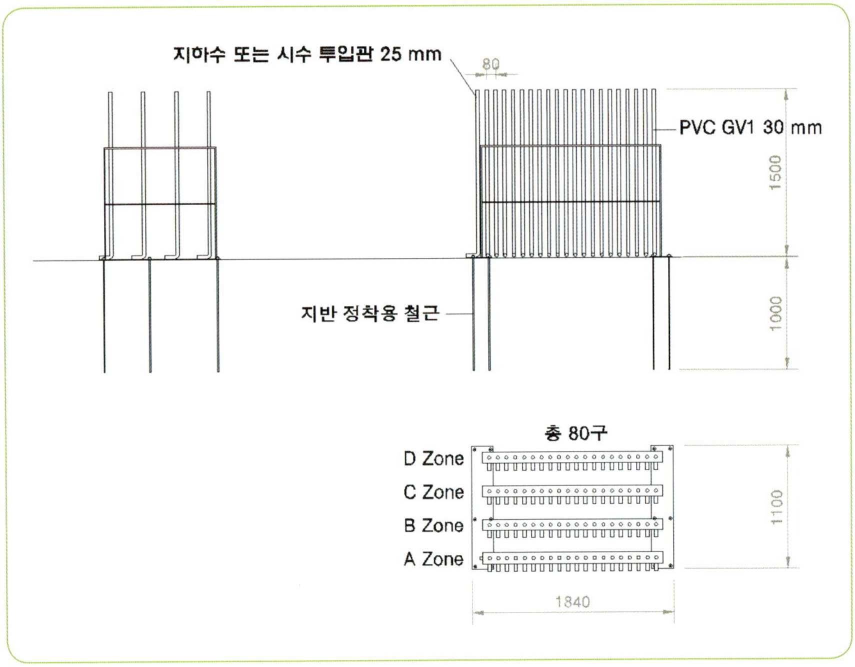

– 각각의 지중열교환기를 입상 슬리브에 연결할 때에는 아래의 그림과 같이 열교환기 각 열이 교차 배치 되도록 하여 지중열교환기가 교대로 운전할 수 있도록 한다.

– 기계실 천장 공사가 완료되면, 공간을 확보하여 열전도도 테스트를 한다. 최소 각동 1개에 대하여 1회의 열전도도 테스트를 실시한다.

[그림 2.4] 열교환기 입상 슬리브

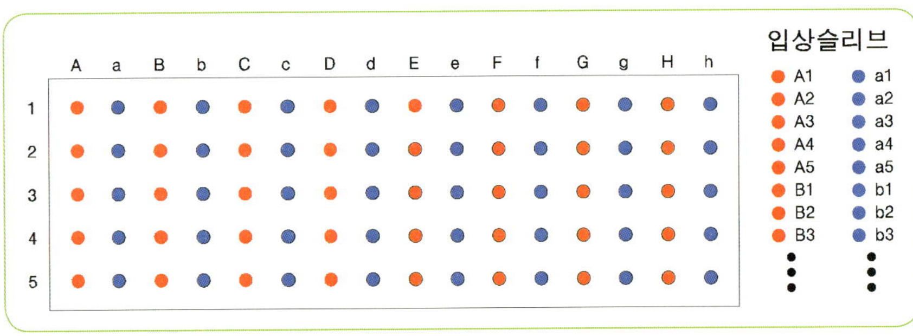

3. 참고 자료

3.1 현장 시공 예시

PHC 파일 시공여부 확인

PHC 파일 내면 점검(이물질 없는것 입수)

파일 항타 또는 굴착

PHC 파일 관입

PHC 파일 내부 시멘트 페이스트 수입

PHC 파일 두부정리 및 설치 깊이 기록

코일형 열교환 파이프 제작

코일형 열교환 파이프 설치를 위한 가이드로프

코일형 열교환 파이프 하단 무게추 설치

코일형 열교환 파이프 삽입

설치 내면 확인

내면 확인

코일형 열교환 파이프 고정

샌드그라우팅(샌드펌프 사용)

물다짐

두부정리면 1m 이하까지 채움

1차 수압테스트

1차 통수 테스트

캡 드릴(45mm, 3구)

캡시공

버림 콘크리트 전 수평 배관을 위한 고정

급수파이프 설치

캡 이격부 우레탄 폼 충진

배관 연결

수평배관 및 정리(Supply & Return)

입상배관 설치

2차 수압테스트

2차 통수 테스트

버림 콘크리트 타설

철근 배근

매트 콘크리트 타설

기계실 공사

열전도 테스트

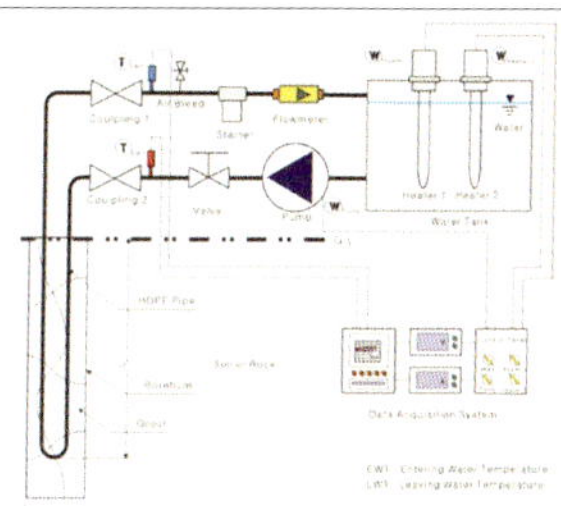

21장 고성능 창호 시공기술

1. 고성능 창호 시공기술 개요

1.1 정의

1.1.1 고성능 창호

고성능 창호는 저에너지 건물외피의 중요한 부분으로 일반적으로 열관류율 1.5 W/㎡K이하 또는 일반 복층유리의 절반 이하의 성능을 확보한 창호로 정의할 수 있으며, 가시광선 투과율 및 누기율이 고려되어야만 한다. 창호의 열손실을 낮추기 위한 방법으로는 다중구조의 창호, 로이코팅, 가스충진, 단열간봉, 낮은 열전도율의 창틀, 단열셔터 등이 적용되며, 창틀 면적은 최소화 시켜야 한다. 또한, 제로에너지 하우스 구현에 있어서 창호성능은 매우 중요한 요소이며, 일반적인 조건에서는 창을 통한 열손실보다 열 획득이 커야만 한다. 난방요구량의 1/3은 창을 통한 자연형 태양열 획득에 의해 공급되므로 창은 투과율(g-value) 50% 이상, 적절한 크기, 남향배치, 여름철 과열방지를 위해 개폐 가능하여야 하며, 열관류율 0.8 W/㎡K이하로 설계되어야 한다. 이 값을 만족하기 위해서는 3중 로이(Low-e)유리 또는 진공복층유리를 사용해야 하며, 가스충진(아르곤, 크립톤)을 할 경우 열관류율을 0.6 W/㎡K까지 낮출 수 있다. 현재, 창호기술은 벽체 단열수준과 유사한 진공 3중 유리(0.4 W/㎡K)가 개발 중에 있다. 또한, 창틀의 경우도 열관류율 0.8 W/㎡K이하로 설계되어야 한다. 창의 경우는 올바른 시공이 역시 중요하며, 외피단열라인 이내에 설치하되 창틀 주위는 단열재를 중첩하여 열교를 최소로 해야 한다.

1.1.2 고성능 슈퍼창호

고성능 슈퍼창호는 낮은 열손실과 누기율 그리고 높은 가시광선 투과율의 성능을 확보해야만 한다. 유리 중공층의 복사 및 대류 열전달을 줄이기 위한 몇몇 기술들은 현재 적용되어지고 있으며, 복사 열손실은 로이(low-e) 코팅된 유리를 선택함으로 줄일 수 있다. 로이 코팅은 각 유리 내표면에 코팅되며, 복사열손실은 96%(e=0.04)까지 줄일 수 있다. 로이 코팅의 종류는 소프트(sputter 방식; 진공증착)와 하드(pyrolytic 방식; 열분해) 코팅으로 나눌 수 있으며 일반적으로 소프트코팅이 하드코팅보다 성능은 우수(e= 0.04~0.15)하지만, 가시광선 투과율은 낮아지는 단점이 있고, 창호조립시 수분 및 물리적인 내구성이 취약하고 취급(지문조차 묻으면 안됨)이 어렵다. 그러나 하드코팅의 경우, 복사열손실은 약 80%(e=0.2)정도이지만, 소프트 코팅에 비해 내구성이 양호하고 가시광선투과율에 영향을 받지 않는 장점이 있다. 개선된 하드코팅의 경우 가시광선투과율에 영향이 적으면서 복사열손실은 약 85~88%(e=0.12~0.15)까지 성능이 개선되었다.

유리 중공층의 대류 열손실은 건조공기 대신에 불활성기체(아르곤, 크립톤, 크세논)를 충진함으로 줄일 수 있으며, 아르곤가스 충진이 가장 경제적이므로 널리 사용된다. 최근에는 크립톤과 크세논 가스도 사용되어지는데, 가격은 비싸지만 열손실을 줄일 수 있으며, 동일 성능대비 공기층두께도 줄일 수 있는 장점이 있다. 가스충진 없는 로이 코팅의 적용은 복사열전달은 감소시키지만, 대류열전달이 증가되어 각 기능을 상쇄시키므로 창호조립에 있어 세심한 고려가 필요하다. 고성능 슈퍼창호를 구현하기 위한 가장 간단한 방법은 가스 충진된 로이 코팅유리를 다중구조(3중 이상)로 구성하는 것이다. 다중구조의 창호 적용시 가시광선투과율은 낮아지지만, 전체 열손실은 매우 낮아지므로 순열손실은 감소하게 된다.

[그림1.1]은 유리의 g-값(태양열 투과율)과 열관류율에 따른 단위면적당 에너지 소비형태를 보여주며, 슈퍼창호라 불리는 3중 창호(가스충진, 양면 로이 코팅적용)의 경우 태양투과율은 48%에 불과하지만 열손실이 낮아 전체 에너지밸런스 면에서 유리한 것을 볼 수 있다.

[그림 1.1] 유리종류에 따른 U-value 와 g-value

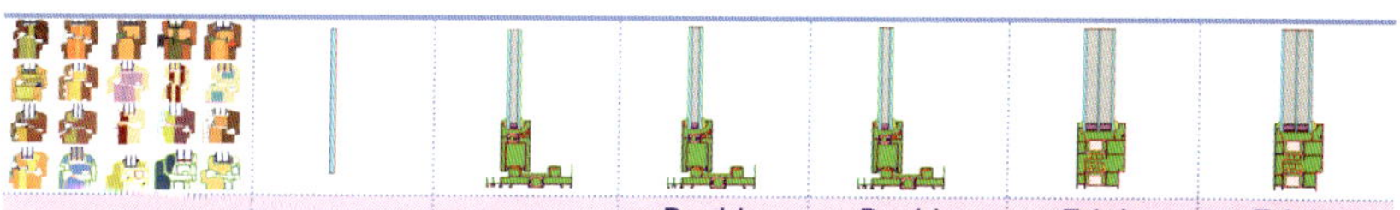

Type	Single	Double	Double Low-e	Double Low-e, Ar	Triple Low-e	Triple Low-e, Ar
Ug-value	5.60	2.80	1.90	1.20	0.85	0.65
Surface Temperature	-1.8 ℃	9.1 ℃	13.7 ℃	15.3 ℃	16.7 ℃	17.5 ℃
Solar transmittance	0.92	0.80	0.74	0.62	0.54	0.48

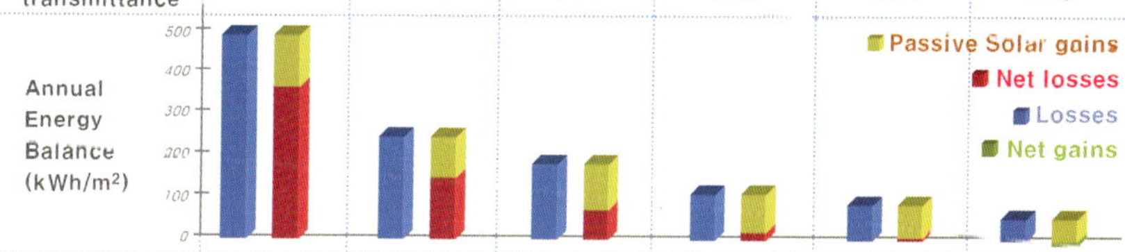

2. 고성능 창호 시공기술 본문

2.1 WINDOW(P.V.C) 특기 매뉴얼

2.1.1 적용범위

- 본 매뉴얼은 건물의 외부 P.V.C 창호공사에 대한 시공방법 및 제품의 기준을 명시하여 공사 시행에 적용한다.
- 본 매뉴얼의 자재는 독일 DIN 규정 및 KS규격, 또는 이에 상응한 품질의 자재 사용을 원칙으로 하며, 그 외에 감독원 및 시공주와 협의하여 정한 자재를 사용하도록 한다.
- 본 매뉴얼에 기재되지 않은 사항은 건축학회 표준시방서에 준하며, 특기사항은 하기 각 항에 준한다. 또한 기타 사항은 감독원 및 시공주와 협의하여 결정한다.
- 본 공사에 사용되는 주자재 및 부자재는 KS품과 독일 DIN 규격품, 또는 이에 상응한 품질의 제품을 사용함을 원칙으로 하며, 그 외에 당사에서 지정하는 자재를 사용 하도록 한다.

2.1.2 일반사항

가. 주재료 및 재질

P.V.C	사용되어지는 몰딩혼합물의 구성은 PVC(Polyvinyl Choride)를 주원료로 하고, Alkyltin Carboxylate, Ba-Cd계, Phosphite계 등의 우수한 안정제와 Acrylic, CPE 등과 같은 충격 보강재, 기타 첨가제가 배합되어야하고, 특성은 독일DIN규정(DIN 7748, KSF 3117)과 일치하는 몰딩 구성혼합물(P.V.C-U.EDL.080-25-28)의 특성에 따라야한다. 생산과정에서 야기되는 최소한 평면의 불균형은 Serviceability를 해치지 않는 한 허용 되어야한다.
보강재 (Steel Reinforcement)	하중을 견디는 구조적 요소들과 Anchor 구조력을 위한 강철 구성요소들은 독일규정(DIN 18800 part1과 DIN 18801)을 포함해야한다. 재질은 아연도금 Channel형재. (Hot Dip Zinc Coating과 Frame Spray Zinc Coating) 로서 KSD 3501,KSD 3506,KSD 3512 규정에 의한다. 또는 이에 상응한 재질을 사용해야한다.
알루미늄 표면처리: 불소수지도료 (P.V.D.F-KYNAR 500주원료)	1) 색상 및 광택 : 발주자의 Spec. 2) 2 Coat - Chromate 전처리 시행 Primer(하도) : 7.6±2.5 microns Finish(상도) : 25.4 microns (minimum) Total :30.5 microns (minimum) 3) 3 Coat - Chromate 전처리 시행 Prime(하도) : 5 ~ 10 microns Color(Base) : 20 ~ 30 microns Clear(상도) : 10 ~ 20 microns

알루미늄 압출 재질	1) 알루미늄 창호의 압출은 KS D 6759 합금형재의 A 6063 S – T5를 기준으로 한다. 2) 알루미늄 창호 부재의 형상 및 단면 치수 – Profile Dies 도면에 준한다.(별첨도면참조) – 특수 부분의 Profile은 감독원 및 시공주와의 합의에 의해 새로운 Profile을 사용한다. – 모든 부재는 구조계산에 의한 결과치를 충족시키는 단면이어야 한다.
EPDM(Ethylene Propylene Diene Modified) 가스켓	1) 40도 ~ 120도까지 일정한 탄성 및 인장강도를 유지한다. 2) 60 ~ 80 A 의 Shore 경도를 유지한다. 3) 고화현상이 없어야 한다. 4) 페인트 또는 플라스틱과의 접촉부위에 착색이 없어야 한다. 5) 자외선, 습기, 열에 대한 내구성이 강해야 한다. 6) 산, 알칼리 및 화학약품에 대한 내화학성이 강해야 한다.
부속재료	1) EPDM 재질로서 독일 DIN 기준 또는 이에 상응한 품질의 제품을 사용한다. 2) Sealant: 알루미늄의 신축성을 고려한 비초산계의 Sealant를 사용하되, 알루미늄의 신축성과 사용부위의 위치에 맞는 계산치에 의하여 선정, 사용하도록 한다. 3) Accessory: 창호의 각 시스템에 적용하는 독일 DIN 기준에 적합한 자재 또는 이에 상응한 품질의 제품을 사용해야 한다. 4) 고정, 연결, 접합 및 보강 철문: 독일 DIN 기준에 적합한 자재 또는 이에 상응한 품질의 제품을 사용해야 한다. 5) 하드웨어: 창호의 각 시스템에 적용하는 Vent에는 독일 DIN 기준에 적합한 자재 또는 이에 상응한 품질의 제품을 사용해야한다.

나. 도면 작성 / 문서 작성

도면 작성 문서 작성	1) 창호의 제작 착수전 설계도면 및 시방서를 기준으로 한, 현장검측에 의하여 창호의 종류 및 위치별도 구조체(바닥, 벽, 천정, 기타)와의 접합 마무리 상세를 포함시켜 나타낸 창호 시공 상세도를 작성하여 감독원 및 시공주의 승인을 득하며, 창호시스템이 시공시 시공자는 감독원 및 현장 시공주와 협의하여 시공한다. 2) 시공 상세도 상에는 창호의 주재료 기타 보수재료의 사항, 설치위치, Anchor 및 Fastener 고정방법, 유리사양, 배수방법, 타재료와의 연결 기타 감독원 및 시공주가 요구하는 부분을 상세히 나타내야 한다. 3) 창호의 제반 구조는 설계 기본 풍압에 의한 구조로 설계하여, 감독원이 요구시 구조 계산서를 제출하여야 한다. 4) 구조 계산서는 Main Bar와, Anchor, Fastener의 필요 구조력, 수축팽창, 유리의 응력 기타 감독원의 요구사항을 충분히 감안하여 작성한다. 5) 세부 공정 계획 및 시공 계획서의 제출 : 창호 공사 착수 전에 선행 공정, 병행공정, 후속공정 등을 감안하여 이에 부합되는 창호의 종류별로 설계, 제작, 시공, 보양 등에 대한 공정계획 및 세부 시공 계획서를 작성하여 감

도면 작성 문서 작성	독원 및 시공주의 승인을 얻어야 하며 제품의 현장 반입은 현장의 공정계획과 가변요소를 고려하여 감독원 및 시공주와 협의한 결과에 따라 실시한다. 6) 견본품의 제출: 필요시 창호에 대한 견본품과, 부속재료 견본품을 감독원 및 시공주에 제출할 수도 있다.

다. 제품제작

일반사항	1) 제품제작 전에 공사의 시공오차 여부에 대한 검측을 실시, 검측결과에 대하여 감독원과 협의 조정된 최종 시공 상세 도면과 시방서에 의거, 허용오차 범위 내에서 가공조립 되어야 한다. 2) Open Vent하부에 들어가는 Profile은 Open Vent의 중량을 하부레일에 안정적으로 전달할 수 있어야 하며 이로 인해 안정적인 슬라이딩과 작동을 하게 조립한다. 3) 하부 Sill Profile은 단열바로 내외부가 분리된 Al. Profile을 사용하여 단열성을 유지하고 구배를 형성하여 배수가 용이해야한다. 4) PVC 프레임에서 PVC 외측면에 보강재가 바로 닿았을 때 외측의 공기온도가 Steel 보강재로 전달되는 열교현상을 방지하기 위해 PVC프레임 외측에 별도의 공기층을 형성 시킨 구조로 한다. 5) Hardware Groove는 22.5M/M를 기본 디자인으로 어떠한 Hardware Maker 제품이나 적용 가능한 구조라야하고, Euro Groove 16M/M에 맞는 Hardware를 적용시는 Adapter Profile을 이용할 수 있는 구조라야 한다. 6) Glazing Bead 는 설계자나 건축주의 요구에 따라 내외부 어느 방향에서나 선택하여 설치 가능한 구조라야 한다.
가공 및 절단	1) 하부 Sill AL. Profile은 Polythermid 단열바로 내외부 AL.Profile을 결합시킨다. 2) Sash는 절단기를 이용하여 PVC Profile끝부분을 45도 절단하거나 그 밖의 정해진 규격이나 모양대로 절단한다. 3) 결로수의 효과적인 배출을 위하여 Frame과 Vent의 필요부분에 배수구멍을 뚫어야한다.
조 립	1) PVC Profile 중공부분에 Steel보강재를 삽입하고 45도 조립 또는 정해진 모양이나 규격대로 조립한다.(창호 프레임 성능을 높일 경우 단열재를 삽입) 2) Handle을 포함한 각종 Hardware를 창호의 개폐종류와 크기, 형태에 따라 Mechanism을 산출하여 그에 적합한 제품을 선정하여 조립한다. 3) Glazing은 E.P.D.M Gasket을 기본으로 한다. 그 외의 사항은 감독원 및 시공주와 협의사항에 따른다.
포장 및 운반	1) 조립이 완료된 제품은 철저한 사내 검사를 거쳐 비닐 보호막과 테이프를 이용 개별포장하여 출하하고 상하차 및 운송 도중의 변형, 또는 파손이 없도록 목재 또는 스폰지 등으로 보호처리하거나 좌대를 제작하여 운반하도록 한다.

포장 및 운반	2) 납품되는 제품은 위치별 품명, 품번, 규격 등 필요한 사항이 표시된 Label을 부착한다.
현장조립 및 시공	1) 창호 설치 일반 공통사항에 따르며 특별한 부분에 대하여는 감독원 및 시공주와 협의된 사항에 따른다. 2) 발주자가 직접 시공할 경우 또는 창호 공사 전 벽체마감 시공시 현장 시공주측 책임자는 반드시 당사의 시공 책임자와 협의 후 시공에 착수해야 한다. 3) 창호보양 및 청소: 창호 보양 및 청소는 일반 공통사항 및 계약사항에 따른다.
유리 끼우기	1) 유리 끼우기는 건식공법으로 EPDM Gasket을 사용한다. 2) 개폐 종류에 따라 Sash의 적당 지점에 Glass Support와 Glass Block을 위치시킨 후 유리를 얹어 놓는다. 3) 내부에서 Glazing Bead를 상부와 하부에 먼저 결합시키고, 다음에 좌우 나머지 Glazing Bead를 결합시킨다. 4) Bead 결합이 끝난 후 Inner Gasket을 나무주걱을 이용하여 Bead와 유리 사이의 홈에 취부 한다.

2.2 초에너지절약 주택에서 창호시공시 유의사항

2.2.1 쾌적성과 에너지절감을 위한 유리성능 기준(패시브 하우스 기준)

가. 쾌적기준 열관류율 : $U_g \leq 0.8\ W/m^2K$

나. 에너지성능 열관류율 : $U_g - 1.6\ W/m^2K \times g\text{-value} < 0$

2.2.2 초에너지절약 주택에서의 창호 열관류율 계산 및 최저표면온도

가. 유리와 프레임 사이의 선형열교계수를 고려한다.

나. 창호설치시 프레임과 구조체(설치면)의 선형열교계수를 고려한다.

다. 열관류율 계산식(창호시공시 설치에 따른 열손실 고려)

$$U_{w\ installed} = \frac{U_g A_{glass} + U_f A_{frame} + \Psi_{spaceer} L_{glass} + \Psi_{installed} L_{in\ stalled}}{A_{window}}$$

라. 고성능 3중 창호에서 스페이서에 따른 열성능비교(출처: PHI)

- 환경조건: 실내온도 20℃, 상대습도 50%, 노점온도 11.3℃이다.
- 최저표면온도 12.6℃ 이상이 바람직하다.

[그림 2.1] 창호에 다른 열관류율 변화

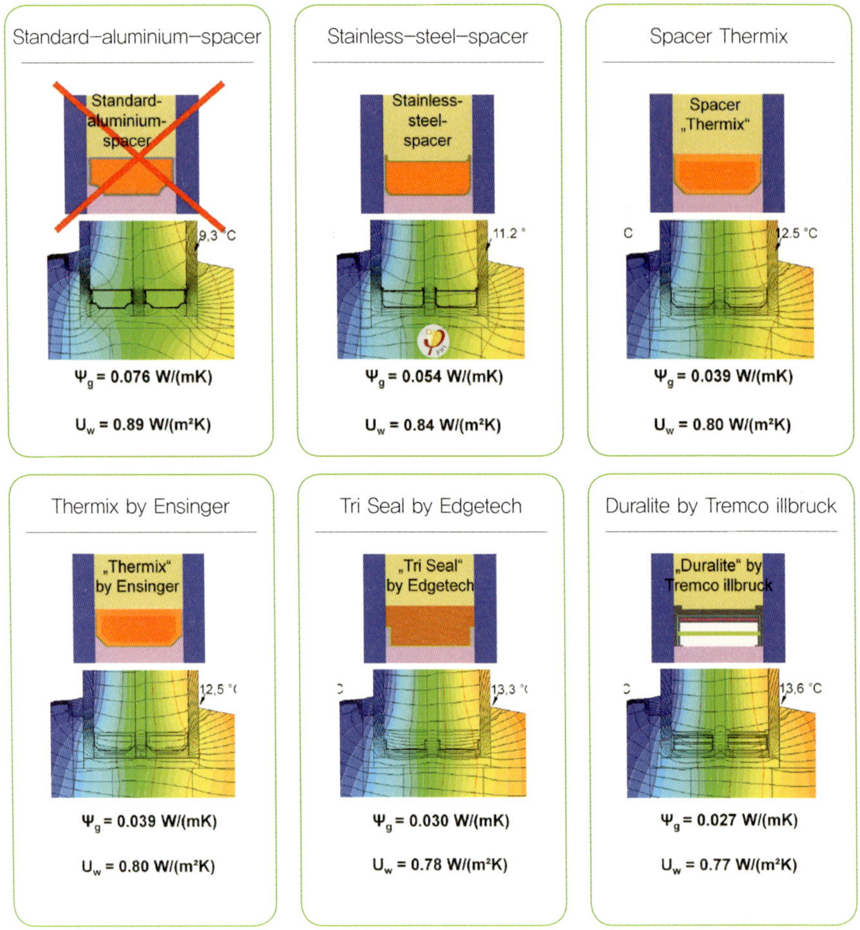

2.2.3 최적 창호설치 방법(출처: PHI)

초에너지 절약 주택에서의 창호설치는 열교로 인한 열손실을 방지하기위해 위의 그림과 같이(올바른 시공 예) 구조체(조적부위)부위에 창호를 설치하지 않고 구조체에 앵커부착하여 창호를 단열라인에 맞게 내밀어 설치하여야 한다. 특히 이러한 시공기법은 패시브하우스 시공시 필수적이며, 예를들어 0.85 W/m2k의 열관류율을 갖는 3중 창호를 잘못된 시공방법으로 시공시 1.1 W/m2k의 열관류율을 갖게 되므로 시공시의 열교계수에 대한 고려가 얼마나 중요한지를 단편적으로 보여준다.

[그림 2.2] 최적 창호 설치 시공 예

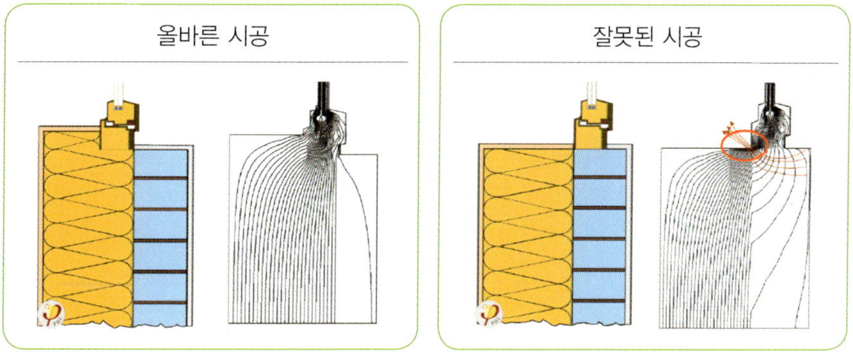

참고문헌

1. ETAG 004 Edition March 2000, Amendment June 2008.
   GUIDELINE FOR EUROPEAN TECHNICAL APPROVAL OF EXTERNAL THERMAL INSULATION COMPOSITE SYSTEMS WITH RENDERING
2. Terraco ecoTHERM EIFS
3. EIFS HOME OWNER' S GUIDE, Robert g. Thomas, Jr.
4. Parex EIFS Details, CSI SECTION 07 24 00
5. DETAIL Practice Eenrgy-Efficiency Upgradeds, Clemnes Richarz, Christina Schulz, Friedemann Zeitler, Birkhaser, 2007.
6. DESIGNING THE EXTERIOR WALL-An Architectural Guide to the Vertical Envelope, Linda Brock, John Wiley & Sons, Inc. 2005.
7. D.S.D.M(Daelim Standard Design Manual (대림설계표준화매뉴얼), 2010
8. Schock Isokorb technical information guide book. 2009.02
   (web site: www.schoeck.co.kr)
9. GDI Passivhaus details 2004.

저에너지 친환경 공동주택
GREEN HOME PLUS
통합설계 | 설계가이드, 시공매뉴얼 |

2011년 7월 25일 초판 인쇄
2011년 7월 30일 초판 발행

| 저 자 | 저에너지 친환경 공동주택 연구단
서울특별시 서대문구 성산로 262 연세대학교 산학협동연구관 524호
T. 02-2123-7830, 7831 F. 02-313-7831 www.csh.re.kr
csh2006@yonsei.ac.kr
| 편집인 | 이승복 김태연 황석호 김지영 정창헌
전미숙 심아람 김시현 최유진 김한나
| 발행인 | 강해작
| 발행처 | 도서출판 기 문 당
| 디자인 | 애드라인커뮤니케이션즈 www.adlinecom.co.kr
| ISBN | 978-89-6225-350-4 93540

| 정 가 | 22,000원
검인생략